如何开展负责任的研究

李真真／主编

科学出版社

北京

图书在版编目（CIP）数据

如何开展负责任的研究/李真真主编 . —北京：科学出版社，2015.1
ISBN 978-7-03-042135-7

I. ①如⋯　II. ①李⋯　III. ①科学学-伦理学-研究　IV. ①G301-05

中国版本图书馆 CIP 数据核字（2014）第 245805 号

责任编辑：邹　聪　张翠霞 / 责任校对：钟　洋
责任印制：赵德静 / 封面设计：黄华斌　陈　敬
编辑部电话：010-64035853
E-mail：houjunlin@mail. sciencep. com

科 学 出 版 社 出版
北京东黄城根北街 16 号
邮政编码：100717
http://www. sciencep. com

中国科学院印刷厂 印刷
科学出版社发行　各地新华书店经销

＊

2015 年 1 月第　一　版　开本：720×1000 1/16
2015 年 1 月第一次印刷　印张：9 3/4
字数：183 000

定价：48.00 元
（如有印装质量问题，我社负责调换）

目　录

导 言

本书的意义及目的

20 世纪 80 年代以来，科研不端行为作为一个社会问题日益受到国际社会的关注。在我国科技界，科研不端行为也时有发生。现今，科研不端行为不仅出现在具体的研究活动中，还延伸到各类申请、评审及成果发表过程中，尽管是少数人行为，但却败坏了学风，影响了科学家之间的信任关系，损害了科学研究的声誉。

科技界与科技管理界已经认识到科研诚信建设对于保障科学健康发展的重要意义。一直以来，许多国家都在以积极的姿态，采取措施加强科研诚信管理，应对和防范各种科研不端行为。随着各项工作的逐渐展开，各国治理科研不端行为也积累了丰富的经验，并逐渐形成了与本国国情相适应的、较为成熟和行之有效的治理模式。近年来，我国各级科研管理部门、科研资助机构、研究机构、学术团体也纷纷以积极的姿态，倡导和营造诚信科研环境，推进我国科研诚信规范化和制度化建设。

毋庸置疑，良好的科研环境依赖于每个研究人员对科研道德的崇尚和对研究规范的遵守，更加依赖于科研诚信在一代又一代研究人员之间的传承。研究人员的自律是科研诚信的基础。过去，本科生、研究生和青年研究人员主要通过导师和资深研究人员的言传身教，来学习和领悟科研诚信规范。时至今日，这种传统的学习和传承方式仍然是学术后辈们接受科学道德熏陶和掌握科学研究规范的重要途径。但是，现代科学研究已经越来越复杂，科学交流与合作越来越广泛，科学与社会的关系也越来越紧密，科学规范所包含的范围及内容都在不断扩展。虽然今天我们对科研诚信及科研不端行为仍存有许多不同意见，但科学界和社会无疑日益强调规范的执行，并加重对违反规范行为的惩处。因此，在传统的学习和传承方式之外，我们也非常需要一些更加正式、系统的途径的学习和讨论，以使研究人员尤其是学术后辈，从一开始就了解和掌握科学研究的规则。在这些新的途径当中，通过系统地学习关于科研诚信的基本知识，来了解如何诚实地开展科学研究，应该是一种很好的方式。

为此，中国科学院专门组织编写《如何开展负责任的研究》一书，为刚刚接触科学研究或刚刚迈入科研领域的学生、青年研究人员提供科研诚信规范方面的指导，同时也供有经验的研究者参考。本书为科研人员遵守科研诚信规范提供了一份较为系统和具有指导性的说明和建议，引导和规范负责任的科研行为。除了阐述科学活动中应遵守的行为准则、应秉承的科学精神与科学道德、应承担的社会责任，以及说明在研究实践中应该做的之外，还特别对科研不当行为、不端行为做出说明，说明了在研究实践中不能做的方面，警示在科研活动中不能突破的底线，从而使科研人员明白什么样的行为是合乎科研诚信要求的，什么样的行为是违背科研诚信要求的。本书特别关注那些在科研活动中经常发生然而又极易被忽视的"灰色行为"，因为这些行为侵蚀了科学殿堂，损害了科学声誉，却没有得到应有的重视，甚至还未被认为是有问题的。

本书涵盖自然科学和工程技术类学科研究，也包含社会科学与自然科学研究具有共性的内容。本书既可以作为一本科研诚信教育和培训的教科书，也可以供科研人员在面临科学研究中困惑问题时参阅。当然，这样一本小册子还远远不能囊括科研人员在科学研究过程和职业生涯中可能遇见或必须处理的所有问题，对其中的一些问题也不能提供完全肯定的答案。但是，我们希望通过这本小册子，能够为科学活动的主要方面提供一些实际的、必不可少的建议，以警醒读者防范不当行为、不端行为，避免不必要的失误。

本书所涉科学研究环节，不仅包括研究人员在科学技术领域直接的研究活动，如制订计划、查阅文献、开展实验，以及撰写、发表、转化研究成果。还包括配合研究活动所进行的其他学术活动，如学术交流、合作研究、人才培养、评议咨询等。此外，还论及更加宽泛的层面，包括科学精神、科技伦理、科学家的社会责任等。所以，本书所谓的"负责任的研究"，其论及的范围，不仅涵盖"以专业规范（职业准则）的视角来讨论（的）科研行为"，而且包括一些"从伦理原则的视角来讨论（的）科研行为"①。

---

① 科学技术部科研诚信建设办公室．科研诚信知识读本．北京：科学技术文献出版社，2009：7-8.

全书在行文上共分六个主要部分：①"走在科研诚信建设的道路上"，陈述科研活动的演变与科研不端行为的治理；②"科研预备期"，介绍学生科研入门过程中所应掌握的科研规范和需要避免的不端行为；③"科研活动期"，阐述具体研究活动中的诚信规范和需要避免的不端行为；④"学术活动中"，介绍学术交流、合作研究、同行评议、人才培养等的诚信规范和需要避免的不端行为；⑤"科学研究的职业道德"，阐述研究人员在科学研究过程中促进科学进步、维护科学事业健康发展的责任；⑥"科学家的社会责任"，论述研究人员对自然、社会所应承担的责任。

在写作上，本书力求内容详尽、叙述准确、结构清晰、语言浅显。全书基本以科研活动的不同环节及学术活动的不同内容来安排章节。读者在阅读时，既可以从头到尾进行通读，也可以有选择性、有针对性地翻阅，以解决学习和科研实践中遇到的科研诚信方面的问题和疑惑。此外，为了使读者能够进一步了解科研诚信规范、防范不端行为，本书在行文中还穿插国内外经典科研规范，并在各章节中设计相应的情景案例。这些案例主要涉及科学研究过程中可能出现的不当行为、不端行为，它们向读者呈现了发生这些行为的具体情境。而案例后面的讨论则可以帮助读者作进一步的思考。这些案例有一些涉及了目前仍有争议的问题，书中也直列了问题的缘起和当前的一些争议供读者讨论，以使读者更深刻地理解科研诚信建设和治理科研不端行为的复杂性。

教育是科研诚信建设的基础。系统的科研诚信和科研规范方面的培训，可以促进良好学术风气的养成。我们衷心期望通过这本比较符合我国国情的科研诚信读本，让每个研究人员都知道什么是负责任的科学研究，在面对日益复杂的科研和社会问题时，规范和完善自己的科研行为，进而形成良好的研究氛围，促进我国科学研究的繁荣和科学技术的健康发展。

1

走在科研诚信建设的道路上

"知识就是力量"是弗朗西斯·培根（Francis Bacon）200 年前提出的一句至理名言，迄今仍为我们耳熟能详。然而，多数人却不知道培根的另一句名言——"伦理之学使人庄重"①。"伦理之学"亦即"道德之学"，培根从成为一个高尚的人的角度阐述了"伦理之学"的意义，显然，"做学问"之人也应如是说。

"做学问"充满了智力上的挑战，因而也常使人因做出某些有意义的学术贡献而获得一种成就感。然而，科学史告诉我们，科学是一种永无止境的探索过程，在这个过程中，大多数具体的科学成就都会随时间的流逝而变得过时和陈旧，但是，在科学的道路上那一往无前、孜孜不倦的探索精神却成为科学的宝贵财富而源远流长，一代又一代地传承。所以，对于一个以科学研究为职业的人来讲，所谓"不朽"实际上并不在于他（她）所做出的具体的科学成就，而在于他（她）那种体现着科学精神的道德人格。

长期以来，大师的风范与人格魅力吸引了一代又一代的人们步入科学殿堂。科学系统所形成的一套高度有效的自我控制和自我治理机制，使科研领域看起来就像一块净土。公众曾普遍认为，科学家是一群不为任何私利只为探索真理而从事科学研究的人，他们是自由而诚实的。

但是，这一情景自 20 世纪 70 年代开始发生改变。随着一系列严重的科研不端行为被披露，"人们开始怀疑追求真理的科学，对其原来所拥有的高

---

① 培根. 培根论说文集·论学问. 水天同译. 北京：商务印书馆，1983.

度信赖性产生了怀疑"①。科研诚信问题日益超越科学共同体的范畴，成为备受关注的社会问题，并且进入政策解决的层面。

历史事件：美国国会首次就科研不端事件召开听证会

1981年3月31日至4月1日，美国国会、众议院科学技术委员会下属的"调查与监督分会"就生物医学领域发生的科研不端行为事件，进行了第一次听证会。这次听证会是美国国会首次过问科研不端行为问题。听证会上，作证的科研机构的科学家们显示出了对政府干预调查的不满，认为科研不端行为被夸大了，它即使存在也仍然是罕见的，现存的科研机制完全能够妥善地处理。对于这次听证会，美国科学界也普遍认为，科学界本身足以发现、处置和解决科研不端行为问题，外界无须也不应该干涉。

但是，就在这次听证会之后，哈佛医学院即被揭露出约翰·达西（John R. Darsee）造假事件。不端行为丑闻的一再被披露使科学界意识到问题的严重性。时任"调查与监督分会"主席阿尔伯特·戈尔（Albert Gore）在分析了已经发生的不端行为后认为，不论政府还是大学，都完全没有建立起举报不端行为的体系。在1981年发生的一系列科研不端行为事件之后，美国国会责成政府部门和科研机构制定和推行一系列防范和惩戒科研不端行为的法规、政策和指南。

现在，负责任的研究行为已经受到广大研究人员的高度重视。但是，在科研实践中如何去做仍然是一个需要研究人员付出努力弄清楚的问题。我们正处于科学知识生产方式发生巨变的时代。科学知识生产方式的改变带来了科学规范的深刻变革，而这些变化使得科学研究面临一系列管理挑战。所以，要想弄清楚如何做的问题，我们首先需要了解，20世纪70年代以来科学研究的新变化和新特点。正是在这个背景下，科学研究的诚信规范成为一门不可或缺的课程被纳入科学教育体系。

本章首先讲述在新的知识生产方式产生背景下，科学研究内涵的演变及由此带来的科研规范的变革，并由此揭示我们所处时代科学研究的新变化、新特点。在此基础上，从科学实践的层面阐述科学研究应当共同遵循的一套基本原则，并通过对负责任的研究行为、科研不当行为和科研不端行为的剖

---

① LaFollette M C. Stealing into Print: Fraud, Plagiarism, and Misconduct in Scientific Publishing. Berkeley: University of California Press, 1982.

析，探讨当代科研行为的复杂性。为使读者深刻理解科研诚信建设的重要性和必要性，本章系统回顾国际学界推进科研诚信建设的历史进程，剖析科研诚信建设不同阶段的特点及动因，并阐述弘扬科学精神对于推进科研诚信建设的意义。

◆ 1.1 科学知识生产方式的变迁及其影响

20 世纪中叶以来，科学系统发生了巨大的变化。这场持续至今的变化已经使科学研究活动展现出了诸多不同于以往的新特征。对此，迈克尔·吉本斯（Michael Gibbons）等给予了这样的描述与判断：目前已经观察并且被验证的变化，正在表现出与以往不同的新特征，这些特征出现在科学活动的诸多领域，而且持续出现，可以被认为形成了知识生产的新趋向[①]。

现在，新的知识生产方式带来的影响及挑战无处不在，无时无刻不为人们所感知。社会学家对这一现象给予了越来越多的关注与研究，并对其进行了各种概括与描述。这些研究无不揭示了现代科学的复杂性特征。

1.1.1 科学研究内涵的演变

20 世纪 80 年代以来，国际学界对科研不端行为的重视程度日益增强。这一现象根源于科学研究在其历史进程中的改变。近代科学诞生后的几个世纪里，科学经历了一段自由探索的历史时期。在这段时期里，科学带给社会的直接利益或好处并不明显。科学研究主要是在大学里进行的，从事科学研究和处于支配地位的主要是那些业余科学家和那些具有渊博知识的人。在这里，科学社会中的精英阶层成为科学的管理者或"掌门人"，他们决定着哪些是科学研究应当解决的问题，哪些人可以从事科学研究和哪些成果可以发表。

19 世纪以后，科学研究职业化和制度化的特征日趋显著。科学研究成为专业学科的研究对象，同时社会接受科学活动并逐渐承认科学的社会功能。在这个过程中，科学的制度化被这样两种事实所推动：一是科学的功利价值被社会所普遍意识到和追求，而对其利益期望值的增长，成为形成诸多制度化科研组织的一个重要的前提条件；二是科学活动中，由于实验观察手段的大型化，以及知识生产成本的不断提高，科学已经超出了个人和科学共同体

---

① 迈克尔·吉本斯，卡米耶·利摩日，黑尔佳·诺沃茨曼，等. 知识生产的新模式——当代社会科学与研究的动力学. 陈洪捷，沈钦，等译. 北京：北京大学出版社，2011.

的承受能力。正如贝尔纳所描述的，科学发展摆脱了独立于社会的科学家个人或科学共同体的行为模式，而被纳入科层组织内①。显然，科学的制度化从根本上改变了科学研究原有的行为模式。传统的自由探索式研究虽然在大学中在某种程度上得以保留，但主导科学发展方向的部分已经转向了制度化的科学研究组织。

科学生产方式的转变极大地扩展了科学研究的内涵，尤其是那些主要致力于促进科学应用的公共研究机构和以试验发展为主要目标的工业企业研究机构的兴起，极大地促进和加强了科研成果的应用，从而也改变了科学与社会的关系。

20 世纪中叶以来，随着科学技术活动规模的不断扩大，人们对科学研究的认识也已冲破了原来那种学院式的研究模式。例如，经济合作与发展组织（Organization for Economic Co-operation and Development，OECD）发表的《研究与发展调查手册》，明确以"研究和发展"（R&D）概括科学研究活动，并将 R&D 活动细分为基础研究、应用研究和试验发展三类②。由此，科研工作的应用得到了明确的承认和前所未有的重视。

20 世纪后期，科学研究的促进与发展使科学与社会的关系发生了根本改变：一方面，一个国家的基础研究越来越成为这个国家达到经济和政治独立的一个重要的和最具活力的因素；另一方面，科学也进入了一个通过给社会带来实际利益来表达自己价值的时代。在这一背景下，我们不能不看到，科学研究的经济维度或商业取向日益彰显。科学的工具化和科学研究行为的趋利化，以及由此带来并不断发生的违背科研诚信的行为，无疑成为我们这个时代应当认真反思和加以控制的社会问题。

当前，在全球范围内，科研事业一再遭遇科研不端行为的挑战。这已是一个不争的事实。究其原因主要在于，一是科研领域存在竞争且日趋激烈。科研领域的竞争主要表现在对资源的争夺，任何一个专业领域，赢得更有利的资源配置从某种程度上就意味着拥有了发展的优势。随着科研人员数量的增长和科研体系内部竞争的日趋激烈，声望和荣誉方面的问题变得日益尖锐和突出。二是科学研究的企业化运作方式对科学研究工作效率的要求，以及科学研究应严格遵循一定方法的要求，对科研人员或机构造成了巨大压力，而不恰当的压力可能会使科研行为走入歧途。三是科研经费的市场化运作方式，使得科研人员或机构为了得到那些受委托的科学研究项目而不可避免地

---

① 贝尔纳 J D. 科学的社会功能. 陈体芳译. 北京：商务印书馆，1982.
② 经济合作与发展组织. 研究与发展调查手册. 北京：新华出版社，2000.

展开竞争。而如果没有一个公平公正的运作程序及良好的竞争环境，必然会给科研人员造成不良影响。与此同时，一个更为值得关注的变化是，我们正处于新的知识生产模式下科学规范的变革时代。

1.1.2 科学规范的变革

"科学的规范结构"是科学社会学开创者罗伯特·默顿（Robert K. Merton）提出的概念。在默顿看来，科学是一种社会建制，科学的运行机制在于奖励系统和规范系统的互动。其中，科学规范是科学的自我控制系统，它不仅包括认知活动的技术规范，还包括科研活动的行为规范（即诚信规范）。默顿早期认为，科学行为规范主要由普遍主义（universalism）、公有主义（communalism）、无私利性（disinterestedness）和有条理的怀疑主义（organized scepticism）四个规范构成。1957年默顿发表《科学发现的优先权》，提出了公有主义、普遍主义、无私利性、独创性（originality）和有条理的怀疑主义五条科学行为规范（简称 CUDOS）。

自默顿提出"科学的规范结构"概念以来，伴随着科学研究内涵的演变，有关科学规范的内涵也一直是科学社会研究的一个重要话题。例如，约翰·齐曼（John Ziman）认为，默顿规范是"学院科学"时代的规范，它"给科学共同体每个成员提供了稳定的社会环境"，只要每个人都遵守这些规则，那么就在相当程度上可以预知他们对事件和彼此行为的反应。但是，科学规范结构是一个历史范畴。默顿关于科学规范结构的分析，其适用范围也是有历史条件的。当社会历史条件发生变化时，科学的社会建制和科学家的行为规范也必然发生新的变化①。

在齐曼看来，我们正在经历一场从"学院科学"到"后学院科学"的"悄然革命"，这场革命对科学的社会建制及科学家的行为规范具有深远影响。具体来讲，学院科学是一种以"扩展证实无误的公共知识"为制度性目标的科学形态。与之不同，现在"扩展知识"和促进"知识资本化"已经成为科学新的制度性目标，科学形态较之过去发生巨大变化。对于这个正在形成的新的科学形态，齐曼称之为"后学院科学"。较之学院科学，后学院科学作为一种新的科学形态，其本质特征在于，它在原有"学术科学"的基础上，更凸显了"产业科学"的兴起与发展。产业科学体现了一般工业或者部分政府研究的特点。他认为，在后学院科学阶段，科学制度性目标的双重性

---

① 约翰·齐曼. 真科学——它是什么，它指什么. 曾国屏，匡辉，张成岗译. 上海：上海科技教育出版社，2002.

使科学共同体发生分化，进而引发了一次科学规范的深刻变革①。

社会学家的研究所揭示出的科学发展新图景正在不断地为国际社会所感知和认同。显然，20 世纪 80 年代以来，科学形态发生巨大变化。在这个过程中，新的科学形态展现了纯粹认知导向的学术科学与实际应用导向的产业科学的相互渗透。前者以学术自由、学术独立为前提，以寻求客观知识为主要目标；后者则以研究资源的合理分配与有效使用为前提，以科学的实际经济、社会效益为主要目标。

学术科学与产业科学价值目标的不同也导致其规范体系存在明显差异。并存于现代科学系统中的两组规范，也可能会使负责任的研究实践面临某种冲突，比如，来自产业科学的越来越多的保密、部分公开要求，保护性专利和知识产权等，对"无私利性"和"公有主义"等规范构成挑战，使这些原有规范不得不做出相应的调整，以适应和服务于科学共同体日益多样化的职责和使命。

◆◆ 1.2 面向科研实践的规则

新的科学形态下，科研活动呈现出了多样性的特征。它们被赋予了不同的概念，以对科研活动进行分类。比如，OECD 的"基础研究""应用研究"和"实验发展"，齐曼的"学术科学"和"产业科学"，唐纳德·司托克斯（Donald E. Stokes）的"纯基础研究""应用引起的基础研究"和"纯应用研究"②，等等。然而，无论是哪种类型的科学研究，尽管它们的价值取向不尽相同或存在差异，但其存在与发展的共同基础却无不依赖于它们所发现和运用的知识的可靠性。正是存在着这样的共同基础，科学仍然存在一组应共同遵循的道德原则。

1.2.1 科学研究的道德原则

科学研究已经发展为一项复杂的人类实践活动。那种由科学雅士或大学教授仅仅出于好奇对自然界和物质世界进行思考和探究的时代已经成为历史。科学问题的复杂化使得科研活动更加体现出了这样的典型特征：它是一

---

① 约翰·齐曼. 真科学——它是什么，它指什么. 曾国屏，匡辉，张成岗译. 上海：上海科技教育出版社，2002.

② 唐纳德·司托克斯. 基础科学与技术创新：巴斯德象限. 周春彦，谷春立译. 北京：科学出版社，1999.

种由不同学科、不同领域科学家合作的有组织的活动。科学的大型化带来的高投入使科学研究越来越依赖科学外部的资金支持，由此资助方式日益成为影响科研方向和形塑科研行为的重要因素。与此同时，从事科学职业人数的大量增长，使谋取职位、获得晋升和荣誉的竞争压力日益凸显。在这种背景下，对每个选择科研职业的人来讲，从事科学研究已经不仅需要谋求成功，还需要寻找资助、寻求合作，以及获得职位晋升和荣誉，等等。由此不难看出，科学研究作为一种人的有目的的活动，已经被负载了多种价值诉求。而作为一种有目的的人类活动，科学研究就应当受到基本的道德原则的制约和引导。

所以，在研究和学术领域，无论你从事哪个学科领域的研究以及在何处开展研究，都必须遵循对科研诚信具有重要意义的行为准则和职业责任。科学研究的道德原则主要包括以下几个方面。

（1）诚实。诚实是保障知识可靠性的基础。它要求在科学研究和学术活动中，包括研究计划的报告，研究的实施过程，研究成果的发表、交流，以及对自己的研究和观点的阐释等，杜绝剽窃、伪造、篡改，以及有意曲解或歪曲研究成果的行为。

（2）可信赖。科学研究是一种创造性的人类活动，因而必须建立在良好信任关系基础之上。开展可信赖的研究和交流是建立和巩固这种信任关系的有效机制。研究必须是真实可信的，处理数据必须是透明的，结论必须是有事实依据的，交流必须是充分的，通过公平竞争、合理分享成果和荣誉积累学术信用。

（3）合理引用。科学研究的积累性使得对他人成果的合理引用成为研究及其成果发表过程中必须遵从的道德原则。引用他人成果是对他人贡献的肯定或承认。介绍他人文献和评价他人研究必须实事求是并且是公平的，采用或使用他人成果必须是恰当和合乎规则要求的，包括思想或观点、研究方法和结论，以及文字、数据和图像，等等。

（4）公正。科学评价是资源和荣誉的分配机制。评价的公正性是保障科学研究良性运行和高质量研究的规范基础。评价应当是独立和无偏见的，拒绝蓄意损害他人获得好处的行为。

（5）尊重。科学问题的复杂化促进了跨国家/地区、跨学科/领域、跨行业的合作研究。对于来自不同文化背景的合作者给予充分尊重已经成为成功合作的基本保障，包括尊重不同合作者的价值取向、利益诉求、专业术语，以及种族、性别和地方性知识，等等。

（6）关怀。人类、动物及自然生态系统等是科学研究不可或缺的资源，但作为研究对象通常处于相对不利或被动的位置。因此，有必要对研究对象给予相应的保护和特殊的关照，以补偿他（它）们对科学研究的贡献。在科学研究中，对研究对象，特别是有生命的受试对象，科研及相关人员必须负起关爱的责任。

（7）共享。科学研究是一项以人类共同受益为目标的事业，因而共享应当成为科研实践中必须遵循的行为准则。尽管在具体情景下的共享存在不同的内涵，如资源、信息、成果的分享等，但共享更加体现了在公有主义和知识产权之间寻求平衡的价值诉求。此外，共享还意味着与其他科研人员和公众的沟通应当是开放和诚实的。

（8）负责任。责任是科技时代的伦理。在科学研究中，负责任首先体现在研究的选题及方法的选择方面。尽管科研人员不能为其结果完全负责，但有责任对其后果进行风险评估。科研人员在评估科技风险方面的不可替代地位使其自然地被赋予了与公众就相关信息进行主动沟通、促进社会理性应对科技风险的责任。

这些原则体现了开展负责任研究的基本要求，为制订更为具体详尽和体系化的规范提供了基础或可遵循的准则。现在，越来越多的大学和科研机构、资助机构、学术团体，以及相关政府管理部门都出台了相关规定，以推进科研诚信建设和加强对科研不端行为的治理。并且，在这个过程中，也更加关注对那些实际发生率更高的科研不当行为的治理。

1.2.2 科研行为的复杂性

科研不端行为治理首先遇到并需要解决的是"什么是科研不端行为"的问题。对这一概念的界定从一开始就争议不断。主要分歧集中于两个方面：一是定义的考虑范围，或"宽""窄"问题；二是定义的模糊性问题。由于政策的有效执行或实施，要求政策规定具有实际的可操作性和标准的可核查性。因此，在政策层面上对科研不端行为的界定实际上存在着双重考量，即政策的操作性和道德的恶劣性。所以，"科研不端行为"的政策定义实际上是基于研究行为的最低标准所做出的规定，而这个最低标准亦即道德底线，只有突破了这个底线，才会被认定为是科研不端行为。

在科研诚信规范管理的实践中，人们发现，还存在着一些有违科研诚信基本原则的有问题的行为，但这些有问题的行为还不能归属于最恶劣研究行为的范畴。由此，人们越来越意识到，在负责任的研究行为和科研不端行为之间还存在一个"灰色地带"。在这里，与那些恶劣的研究行为，亦即科研不端行为相区别，研究行为虽然违背了科研诚信的基本原则，但还没有突破相关的道德底线。此类行为被称为"有问题的研究行为"或"科研不当行为"。但是这一类行为，因其界定和处罚并不明确，所以就有一些人可能会在这里"钻空子"。

从道德标准对科研行为进行分类，大致可分为三类，其关系可用图 1.1 表示[①]。

图 1.1　三类不同的科研行为的关系

在这里，负责任的研究行为表达了科学共同体和社会对科研机构及人员的理想要求，也体现了社会对于科学共同体的期望，因而可以理解为是一种理想的研究行为。在研究实践中，它被称为"好的"研究行为。而科研不端行为则是一种严重违规的恶劣的研究行为，一旦发生就会受到相应处罚。如果将"负责任的研究行为"和"科研不端行为"置于科研行为的两端，那么在这两者间的则是一系列的混合性行为。而在一系列的混合性行为当中，就存在着一个由科研不当行为构成的"灰色地带"。科研不当行为具有这样几个典型特征：①表现形式复杂和多样，并且在如何对其进行判定、约束和惩罚等方面难以达成共识。②科研不当行为与科研不端行为之间的边界通常是由严重程度加以分辨的，标准的模糊性使得从"不当"到"不端"的边界具有"门槛低"的特点。③科研不当行为的实际发生率更高，对科学内部和科学与社会间的信任关系的损害也更大，或者会产生更大的不利影响。

情景案例 1.1

小李是某大学的博士后，他与合作导师一起参加了一次关于元基因组研究的学术研讨会。小李的合作导师是这个领域具有很高声望的科学家。

① 科学技术部科研诚信建设办公室. 科研诚信知识读本. 北京：科学技术文献出版社，2009：10.

在会上，与会者围绕基因测序技术问题展开了激烈的讨论。在讨论中，小李介绍了自己正在进行的基因测序技术的研究工作，并就测序技术的发展及其技术方法提出了自己的观点，并得到了与会者的重视。最后小李的合作导师在小李提出的观点及方法的基础上，进一步地阐述了自己的看法及观点。

会后，《基因组学研究》的编辑小张撰写了这次会议的报道。因篇幅有限，小张在报道中只写了小李的合作导师的发言要点，其中包括了小李的发言内容。该报告在《基因组学研究》上发表后，小李的合作导师得到了广泛的赞誉，但小李却感到自己没有得到应有的承认。

在上面这个情景案例中，小李的观点被当作其合作导师的观点而发表，而且小李的合作导师也没有在适当的场合给予纠正或说明。如果这是个案，那么受到伤害的只是小李个人。但是，当这种"不恰当"的做法成为一种普遍的做法，或者成为界内的一个"潜规则"，那么受到伤害的就将是整个学术界。因为它会对学术交流造成不利影响，而交流是学术研究的生命线。

1.3 科研不端行为治理模式及其变迁

新的科学知识生产方式导致科学研究面临了一系列管理挑战。一方面，科学建制与其他社会建制间日益紧密的联系，使科学被赋予了多样化的社会功能及越来越多的社会期望；另一方面，在科研领域越来越严重的竞争压力，使获取声望和信誉方面的问题变得尖锐化，日趋激烈与残酷的竞争环境引发了各种科研不端行为的发生。种种迹象表明，在科学研究不断扩展与发展的今天，仅仅依靠传统方式已经难以继续保持科学的纯洁性和科学在社会中的崇高信誉。面对这一挑战，国际科技界采取积极的应对姿态，推进和加强科研诚信的制度化建设。

随着对科研诚信问题的认识的不断深化，国际社会推进科研诚信建设也呈现出了一些新的趋势，主要体现在两个方面：一是科研诚信问题已成为国际合作的重要内容，科研不端行为的治理不再局限于国家内部，国家间的合作、国际组织的介入标志着科研不端行为治理的国际化；二是科研文化环境问题成为科研诚信建设的重要内容。这主要根源于依赖政策解决科研诚信问题的外部控制机制自身的局限性。

1.3.1 从内化到制度化①

对科学研究中可能存在不诚实的违规行为的意识始于默顿。默顿的科学社会将其概括为"欺骗行为"。但是，默顿认为，科学社会具有高度有效的自我控制和自我治理功能，因此"科学编年史实际上不存在欺骗行为"②。因为他们坚信，科学建制所形成的一套内在的行为规范和自我控制机制，足以发现和解决科研不端行为问题，或者说，对科研不端行为的内在控制，主要依靠科学共同体来实现。

实际上，这一信念曾深深地根植于科学的文化传统之中。近代以来，内在于科学的理性主义和实证主义精神，在科学实践中被凝练为一套科学共同体普遍恪守的价值观念，成为支配科学活动的文化价值。更重要的是，这样一套科学的规范伴随着科学教育和科学实践的进程而获得有效传承。遵守科学道德及其职业伦理精神成为一种主体内在的价值追求和习惯性的行为取向。

事实也是如此。长期以来，在科学的文化传统中，科学的行为规范与伦理精神被有机地嵌合于各级科学教育、科学职业训练和各种科学实践过程，内化于科学活动的主体行为之中，成为科研人员的行为取向和行为习惯。而只有当某种危机出现时，科学家才会自觉地通过自我反思或相当程度的道德反应，强调那些共同体内公认的道德标准或约定俗成的社会规范。

但是，随着科学社会化程度的提高，以及科学象牙塔式社会结构的解构，传统传承和内化模式越来越不能满足现代社会的要求。尤其是 20 世纪80 年代以来，世界各国不断披露的一些违背诚实原则的科研行为和引人注目的"科学丑闻"，使人们普遍意识到，在日益复杂的现代社会中，仅仅依靠对科学家的道德自律要求是远远不够的，要保证和维护科学的纯洁性，就必须建立起更加严格的行为规范，包括对科研不端行为的识别、处理及惩罚制度。因此，各国开始采取措施，积极推进科研诚信的制度化建设，从而使科研诚信的制度化建设成为现代社会中科学实践的一个有机部分。

尽管对科研不端行为的治理已经历了一个从内化模式向制度化模式的转变，但是，这一转变实际上并非后者替代前者，而是对前者不可或缺的补充。科研诚信规范具有历史的相继性，那些已经内在地建构于日常的科学实

---

① 1.3.1 和 1.3.2 的主要内容曾刊于：李真真 . 治理科研不端行为：从内化模式向制度化模式转变 . 科技中国，2008，(8)：44-47.

② 罗伯特·默顿 . 科学的规范结构 . 科学与哲学，1984，(4)：128.

践中的科研诚信规范，无疑为制定科学诚信规范提供了文化基础与条件。也正基于此，从内化到制度化，在科学的文化传统和制度文化中，才成为一种顺理成章的过程①。

1.3.2 制度化模式的内涵

随着一系列有违科研诚信的事件被披露，科研诚信的制度化建设也日益成为科学实践的一个内在要求。人们普遍认识到，在科研领域中所发生的那些违背诚实原则的行为不仅仅与科学家个人的性格因素相关，更重要的是，它与科学研究的组织形式和社会环境密切相关。

毋庸置疑，治理科研不端行为，无论是内化模式还是制度化模式，都是以保证科学纯洁性和维护科学在社会中的崇高信誉为最终目的的。但是，在科学实践中，它们的表达具有很大的差异性。在内化模式中，科研诚信规范，在日常的科学实践中一般通过"师徒"关系得到传承和强化，只有当某种危机出现时，它才会通过科学家自觉的道德反思或道德谴责表达出来。在制度化模式中，科研诚信规范，在日常的科学实践中一般通过一种比较完善的制度体系结构，系统地和社会化地表达出来，在这里，科研诚信规范被以符号化（或文本化）的方式得到表达；而当某种危机出现时，即可以按照已有的规则，对科研不端行为加以识别，按照既定的程序及规则进行处理，并且通过对不端行为的惩罚，对社会起到警示的作用。

国际社会对研究和学术领域的科研诚信规范的关注范围，大致可概括为这样三类问题：一是严重违背诚实原则的行为，亦即科研不端行为，主要指那些在课题申请、实施研究、成果报告等科学活动中的篡改、伪造、剽窃，以及其他违背科学共同体惯例的行为。二是科研人员的责任问题，主要包括合作团队的领导责任、高级研究人员对后备人才的教育与培养责任，以及研究人员在承担和开展科研项目中的社会责任问题，如保密责任、知识产权责任、保护受试者（人类和非人类）责任、拒绝承担不道德科研项目责任，等等。三是科学知识生产方式变迁引发的各种潜在问题，比如，随着合作规模的扩大，尤其是企业参与R&D投资，出现的诸如知识产权和利益冲突问题等。这些变化所带来的各种新问题常常使科研人员在科研实践中陷入选择困境，因此，如何在困境中找到道德的底线已经成为科技界必须认真面对的问题。

---

① 段伟文. 当前我国科技界科学道德与学风建设问题研究（研究报告）. 2002.

目前，"预防为先，惩罚为后"的治理理念得到国际社会的广泛认同。围绕这三类问题，国际社会积极推进科研诚信制度化建设。在科研诚信规范管理以及对科研不端行为的治理方面，所采取的行动主要包括：①制定研究和学术方面的科研诚信规范以及对科研不端行为的查处程序，包括制定内容详尽、体系严整的科研诚信规范，制定明确翔实的科研不端行为的认定标准，制定具有可操作性的对受理投诉不端行为的查处程序及规则。这些规定包括了一系列的政府规章、机构政策、职业准则等。②建立各级常设性专门机构，负责对科研不端行为投诉的受理，并按既定程序及规则展开独立调查，提出处理意见或建议，包括国家层面的专门机构（如美国的研究诚信办公室），科研或学术组织中设立的专门机构（如美国国家科学院的科学职责及科研行为检察署），等等。③将科研诚信教育制度化，使其成为科研教育的重要组成部分。通过开设科研诚信教育课程，使学生详尽了解专业细分的科学职业伦理法典，尤其重视通过参与专门案例的讨论，使学生在批判性思考和公开争论中深刻领会诚信规范和职业伦理精神。

1.3.3 从科研环境入手治理

毋庸置疑，人的社会属性使其行为无法摆脱社会环境的影响。研究人员也是如此。经验表明，在一个高度竞争的科研环境下，诸如"不发表文章就走人"的"潜规则"，必然会重新塑造甚至左右研究人员的行为。因此，尽管通过加强科学职业道德的内在控制，以及外在的社会控制，在一定程度上可以减少科研不端行为的发生，但还不足以确保负责任的研究行为。

近十年来，基于对治理科研不端行为实践经验的总结，以及对以往科研诚信建设的反思，人们发现，尽管规章管理模式取得了一些成功，但也存在着严重的局限性。长期以来，那种依靠猜测及偶发个案行事的"头痛医头，脚痛医脚"式的管理，实际上只是一种昂贵和低效的解决方法，同时规章管理模式还降低了学术机构和个人对研究机遇做出反应的灵活性[①]。

为改变这一局面，一些科研机构、科研管理机构和资助机构提出营造一种提倡科研诚信的环境来展开对科研不端行为治理的主张。例如，美国公共卫生局在其受理对科研不端行为投诉的规定中就曾提出："科研机构应该培

---

① 美国医学科学院，美国科学三院国家科研委员会．科研道德：倡导负责行为．苗德岁译．北京：北京大学出版社，2007：12.

育一种在所有科研活动中力戒不端行为的研究环境。"①

2002 年，美国医学科学院、美国科学三院国家科研委员会发表的《科研道德：倡导负责行为》指出："在定义科研不端行为及精心设计对不端行为的投诉进行调查的方法等任务上，我们已付出了巨大的努力。然而，对营造一种提倡科研诚信的环境这一任务的关注则远远不够。"②

他们的研究聚集于科研环境，试图描述和定义科研环境，找出能够促成和鼓励科研人员自觉履行负责任行为的科研环境的可供观察和可量化的标志，提炼出培养负责行为的环境因素。该研究认为，在科研环境道德建设中，与科学研究相关的组织机构——政府部门、教育机构、研究机构、学术团体等的作用尤为重要。例如，科研机构的自我评估对审视和持续改进科研道德建设是一种有希望的途径；负责的科研行为的教育至关重要，但关键在于能否采取适宜和富有创造性的教育方式；在专业/学术团体内部所形成的共同文化，可以提高职业精神的同行压力，这可以成为一种对科研行为的内在化的控制机制。

现在，解决科研不端行为应从科研环境入手的治理理念已是国际社会的基本共识，营造倡导负责任行为的科研环境已经成为科研诚信建设的一个有机组成部分。但是，关于如何描述和定义"提倡科研诚信的环境"，如何评估和监测科研道德环境状况，等等，这些迄今都还是有待研究的问题。可以说，科研环境问题已经成为科研诚信建设领域的一个前沿性的课题。

◆◆ 1.4 弘扬科学精神的意义

科学精神是在长期的科学实践活动中形成的、贯穿于科研活动过程的共同信念、价值、态度和行为规范的总称。作为科学活动的灵魂，科学精神本身有着丰富的内涵，并随着科学实践活动的发展而不断深化。例如，逻辑实证主义学者强调科学精神的实证性和逻辑性，科技哲学学者波普尔认为科学精神的核心是"大胆的怀疑和猜测"。2007 年，中国科学院与中国科学院学部主席团发布的《关于科学理念的宣言》，对科学精神给出了更为系统而精辟的阐述。

---

① 美国医学科学院，美国科学三院国家科研委员会. 科研道德：倡导负责行为. 苗德岁译. 北京：北京大学出版社，2007：23.

② 美国医学科学院，美国科学三院国家科研委员会. 科研道德：倡导负责行为. 苗德岁译. 北京：北京大学出版社，2007：1.

关于科学理念的宣言（节选）①
（中国科学院、中国科学院学部主席团 2007 年发布）

二、科学的精神

科学是物质与精神的统一，科学因其精神而更加强大。科学精神是人类文明中最宝贵的部分之一，源于人类的求知、求真精神和理性、实证的传统，并随着科学实践不断发展，内涵也更加丰富。历史上，科学精神曾经引导人类摆脱愚昧、迷信和教条。在科学的物质成就充分彰显的今天，科学精神更具有广泛的社会文化价值，并已经成为全社会的共同精神财富，照耀着人类前行的道路，因此，倡导和弘扬科学精神更显重要。

科学精神是对真理的追求。不懈追求真理和捍卫真理是科学的本质。科学精神体现为继承与怀疑批判的态度，科学尊重已有认识，同时崇尚理性质疑，要求随时准备否定那些看似天经地义实则囿于认识局限的断言，接受那些看似离经叛道实则蕴含科学内涵的观点，不承认有任何亘古不变的教条，认为科学有永无止境的前沿。

科学精神是对创新的尊重。创新是科学的灵魂。科学尊重首创和优先权，鼓励发现和创造新的知识，鼓励知识的创造性应用。创新需要学术自由，需要宽容失败，需要坚持在真理面前人人平等，需要有创新的勇气和自信心。

科学精神体现为严谨缜密的方法。每一个论断都必须经过严密的逻辑论证和客观验证才能被科学共同体最终承认。任何人的研究工作都应无一例外地接受严密的审查，直至对它所有的异议和抗辩得以澄清，并继续经受检验。

科学精神体现为一种普遍性原则。科学作为一个知识体系具有普遍性。科学的大门应对任何人开放，而不分种族、性别、国籍和信仰。科学研究遵循普遍适用的检验标准，要求对任何人所做出的研究、陈述、见解进行实证和逻辑的衡量。

倡导和弘扬科学精神对于推进科研诚信建设意义重大。理性求知和实证求真，是科学精神的基本要义。体现在科研活动中，这意味着科研人员需要

---

① 中国科学院．中国科学院关于科学理念的宣言、关于加强科研行为规范建设的意见．北京：科学出版社．2007：2 - 3.

始终秉持诚信规范的要求，使实事求是的科学实践成为一种自觉意志。科学的目标在于对知识的系统追求，这种追求本质上也是一种主观创造和创新的过程，但这种创造和创新绝非臆造，而是必须接受严格的实证检验。严谨而系统的科学研究规范和诚信要求，正是进行实证检验的必要保障。背离求真求是精神的科研不端行为，不仅将给相关科研人员带来声誉和利益损失，也无疑会对正常有序的科研运作机制产生负面的影响，社会对于科学共同体的信任也很有可能因之受到严重损害。

科学精神是科学文化深层结构的关键组成部分。从事科研活动的群体，比其他社会群体更需要一个追求真理、严谨求实、诚信负责、真诚协作的文化氛围。具体而言，科学文化影响着科研人员对于研究责任的认知，科研人员是否能够在科学实践中坚持诚信规范，在很大程度上就取决于这种认知。对于研究管理者来说，科学文化不仅建构了其对科研责任的认知，更影响着其对研究价值和制度导向的判断。因此，合适的文化氛围和精神理念，能够与防范科研不端行为的制度体系相辅相成，形成推动诚信文化和诚信行为的有效机制。

科学精神是促进科研人员开展负责任研究的原动力。科学研究对于严谨缜密的方法和恪守学术规范的追求与要求，是科学精神的一种体现。通过弘扬科学精神、秉持严格的研究标准、倡导负责任的研究行为来防范科研不端事件，显然要比不端事件发生后做出惩处更为重要。

科学精神是照亮人们前行的灯塔。在现代社会中，科学固然可以当作一种职业或一种谋生手段，不仅如此，科学还能给从事科研事业的人带来耀眼的光环，以及异乎寻常的荣誉和地位。日趋激烈和残酷的竞争压力已经成为影响科研行为的重要因素，甚至会导致人格的扭曲。基于此，倡导和弘扬科学精神，为科学家坚守高尚的道德操守点亮心中的明灯，在饱受商业文化大潮冲击的今天，尤为重要。

"大多数人说，是才智造就了伟大的科学家。他们错了：是人格。"爱因斯坦如是说。[1]

延伸阅读书目

1. 贝尔纳 J D. 科学的社会功能. 陈体芳译. 北京：商务印书馆，1982.

---

[1] 转引自：美国医学科学院，美国科学三院国家科研委员会. 科研道德：倡导负责行为. 苗德岁译. 北京：北京大学出版社，2007：18.

2. 迈克尔·吉本斯，卡米耶·利摩日，黑尔佳·诺沃茨曼，等．知识生产的新模式——当代社会科学与研究的动力学．陈洪捷，沈钦，等译．北京：北京大学出版社，2011.

3. 约翰·齐曼．真科学——它是什么，它指什么．曾国屏，匡辉，张成岗译．上海：上海科技教育出版社，2002.

4. 李正风．科学知识生产方式及其演变．北京：清华大学出版社，2006.

5. 美国医学科学院，美国科学三院国家科研委员会．科研道德：倡导负责行为．苗德岁译．北京：北京大学出版社，2007.

2

科研预备期

一个人出现科研不端行为并不是偶然发生或者突如其来的，而是有一个渐进的过程。可能是从中小学抄课后作业，到大学为了拿到实验报告高分而拼凑数据，再到研究论文造假，不经意的小错逐渐积累，而诚信意识却没有树立。慢慢地，学术道德被抛诸脑后，科研不端行为成了"常规行为"。出现这种局面，无论是对个人的学习、科研工作和职业发展，还是对整个科学研究和科学进步，都是有百害而无一利的。

因此，非常有必要从学生阶段就开始开展科研诚信的宣传和教育。在大学课程中设立科研诚信教育课程，把科研诚信作为大学阶段的必修课，引导学生领会科学道德、科学精神和职业规范，是大学教育中一个不可或缺的重要内容。以美国为例，从 20 世纪 80 年代开始，很多大学就已经有负责任的研究行为（responsible conduct of research，RCR）培训了，科研诚信方面的教育培训资料也很多。根据美国研究诚信办公室提出的 RCR 教育目标，RCR 教育的内容包括：数据的采集、管理、共享与所有权（data acquisition，management，sharing and ownership），利益冲突与履行承诺（conflict of interest and commitment），涉及人体的研究（human subjects），动物福利（animal welfare），科研不端行为（research misconduct），论著发表与作者责任（publication practices and responsible authorship），导师/学生的责任（mentor/trainee responsibilities），同行评议（peer review），合作研究（collaborative science）9 个专题①。

本章将介绍学生在科研入门过程中——包括课堂学习、期末考试、请教与交流、文献调研、科学实验、撰写报告等可能遇到的一些问题和需要避免的不端行为或不当行为。这其中涉及两个层面的问题，一是科研系统运行层面的问题，二是技巧层面的问题。前者将有助于理解整个科研系统运作的规范，及早适应并完成从学生到研究人员身份的转换；后者将有助于清晰地知道自己在查阅文献、设计实验、撰写报告的时候应该怎么做、不能怎么做。

◆ 2.1　从大学第一堂课到期末考试

大学新生自迈入校园，从第一堂课开始，就进入了一个全新的学习阶段。阅读文献、搜集资料、分组讨论、参加实验、参与调查、提交报告，都需要接触、学习和掌握一些基本的"规则"。但是，这些规则常常被称作隐形的知识，可能被认为太过熟悉，也可能被认为无关紧要，从而没有被系统地传授给学生。因此，学生的行为很容易出现"偏差"而不被察觉。最终，当一些大家习以为常的行为被列为科研不端行为时，学生甚至老师都会表示惊讶。事实上，这些行为应当从一开始就被大家所认清和重视。学生在刚刚迈入学术殿堂时就应当接受科研诚信规范方面的教育。这些规则是科研入门所必备的，是科研诚信的基础。

国外很多大学把新生学术诚信教育列为入学的第一课。利用新生手册进行教育是经常使用的方法。比如，哈佛大学向新生发放《哈佛学习生活指南》，警示剽窃等行为可能受到的惩处②。此外，让新生签署荣誉守则，做出学术诚实保证，也是常用的方法。比如，一些大学要求新生报到时需在荣誉守则上署名并承诺信守。

大学本科和研究生阶段的学生在学习或研究过程中发生不端行为，经常是因为对科研诚信规范缺乏了解或认识不足。因此，非常有必要从大学的第一堂课开始就教授基本的学术规范，使学生了解科学研究的行为规范是什么、哪些行为是不被许可的。

---

① Office of Research Integrity. Responsible conduct of research. http：//ori. hhs. gov/education/. ［2010 - 12 - 28］.

② Harvard University. Handbook for students 2014 - 2015. http：//handbook. fas. harvard. edu/icb/icb. do ［2014 - 09 - 05］.

2.1.1　课堂讨论

课堂讨论是大学教育的重要形式之一。在课堂上，老师除了直接传授学科知识外，还常常会就一些主题组织学生开展讨论。通过这样的一些讨论，学生可以进一步组织、表达自己的想法，提出有价值的问题，更好地消化、吸收知识，学会与其他人沟通和交流的技巧。

除了临时的课堂讨论之外，老师可能还会要求学生自由地组合成几个小组，利用课余时间，就某一主题查阅文献资料或开展实地调查。这种小型的研究实践和讨论交流非常有利于学生拓展知识面，学会更好地分工与合作。

在准备和实施讨论时，需要特别注意的是，要充分尊重别人的观点和工作。一方面，应当认真听取别人的发言，尝试去理解他们的观点、看法；另一方面，如果在准备材料和发言时"借用"了别人的观点、数据、论证、设计等，需要做出特别说明，不能含糊其辞，让听者产生误会。

下面是一个课堂讨论的情景案例。

情景案例 2.1

小王、小李、小陈是生物技术专业的同班同学。这个学期他们都选了专业选修课——生物统计学。教授这门课程的是本系的余老师。一次课上，余老师讲授了通过误差分析鉴定处理效应的方法，并布置了下一次课堂讨论的任务：全班同学自由组合，分成 10 个小组，分别设计一个实例，通过误差分析鉴定处理效应。

课后，小王、小李、小陈商量组成一个小组。当天晚上，小王、小李、小陈在宿舍进行了讨论。小王提出可以设计这样一个实例：有两个小麦品种 A 和 B。A 品种每公顷产量为 5000 千克，B 品种每公顷产量为 4500 千克，两个品种之间相差 500 千克，是否可以下结论说：A 品种比 B 品种产量高？

小李提出答案是否定的。因为：

$$y_A = \mu_A + \varepsilon_i$$
$$y_B = \mu_B + \varepsilon_i$$

y_A 与 y_B 之间的差异有两种可能：

其一为 μ_A 与 μ_B 之间存在差异（但我们无法计算）；

其二为误差的影响。

在第二天的课堂讨论上，轮到小王他们小组发言的时候，小王和小李感到有些拘谨、胆怯，都没有主动发言。小陈站起来讲述了他们这个小组的设计。之后，余老师进一步询问这个问题的设计和解决方案是怎么来的，小陈回答说是三个人讨论的结果。对此，小王和小李在课上没有提出异议，但是课后二人都对小陈有关三人贡献的说法表示了不满，认为小陈没把事实说清楚。

在这个情景案例中，最为关键的是：讨论之前，小王设计了实例，小李进行了分析，他们在之前的准备工作中发挥了重要作用，做出了实质性的贡献，但他们二人在讨论中却因为胆怯，没有主动发言。小陈在之前的准备工作中并没有发挥作用，他所做的是代表他们小组进行了发言，但他自己在发言中没有充分尊重别人的贡献，没有对事实进行清楚的说明。

这个情景案例中的课堂讨论非常平常，并不是正式的论著发表，不涉及正式的作者署名问题，也没有机构的书面条款要求对他人贡献进行正式的承认。看似小事，但是对学生的影响却非常大。课堂讨论是一个重要的科研入门环节。案例中小陈的这种做法是不可取的。从一开始就应该树立尊重他人研究贡献的意识，在课堂讨论时清楚地陈述他人的贡献。这对于未来正式迈入科研领域，完成向科研人员的身份转变至关重要。一些研究人员在正式的论著发表、专利归属等问题上被指责存在科研不端行为，有可能是故意为之，但也有可能是从一开始就没有在这个问题上有比较清楚的认识。

对需要事先准备的课堂讨论，首先应该针对主题做充足的准备工作。其次，在讨论时，应当积极参与进来。在第一次讨论时，很多人可能会因为不习惯在公开场合发言，或者感觉自己准备不够充分，或者害怕自己的发言没有新意或可能出错，而坐在位子上一言不发。其实，直接检验学生的学习效果，并不是老师组织课堂讨论的唯一目的。课堂讨论更主要的目的是，吸引更多的同学参与，加深对问题的理解，扩展知识，激发思考，增强表达能力，促进交流，活跃课堂气氛，等等。如果实在不习惯在课堂上作发言，或者有问题需要单独请教，也可以选择课后与老师做一对一的交流。只要时间允许，老师都会非常乐意接待。

在这个案例中，小王和小李需要克服自己的心理障碍，积极地参与讨论。课堂参与有一些小窍门，比如，可以争取在第一或第二堂课上说点什么，"哪怕你所抓住的知识只是一些小问题，但可以为以后更多的参与打开一道门"。或者在大课讨论和分组讨论课上，尽量靠前坐，如果总是坐在大家的后面，很容易滋生消极心理，"那你只能消极地听，而不可能主动参与"[①]。努力尝试几次，就会发现自己有所收获。

此外，在准备和实施讨论时，需要始终注意持论有据。讨论是一种重要的学习方法，在准备材料和口头论证时，都需要注意判断的依据和逻辑，这样才能说服别人，同时锻炼自己的归纳能力、逻辑思维能力、判断能力及口头表达能力。

2.1.2　课后作业

学生在课堂上学到专业知识及处理和解决问题的方法之后，还需要课后去验证或运用。课后作业是进一步掌握所学知识和方法的重要途径。因此，老师在课堂教学之外，经常要布置课后作业，以巩固和扩展课堂教学的成果。课后作业不是课堂知识的简单重复，也不是一而再、再而三的枯燥练习，而是课内知识、课本知识的延伸。"为什么布置课外作业""布置什么作业""怎样布置作业""怎样评价作业"都是教学设计的一部分，也是教学活动的有机组成部分。完成课后作业需要学生在自己掌握和巩固知识的基础上作进一步的探讨、思考和挖掘。至于能"挖"多深，有多少新的方法、新的感悟，就要看学生如何去完成课后作业了。

作业的类型很多，包括完成课后习题、阅读资料、查找资料、撰写小论文等。为了完成课后作业，学生需要花费一定的时间和精力。学生完成课后作业是对课堂学习效果的直接检验。

老师们都对学生抄袭作业的现象深恶痛绝。抄袭作业是一种不诚实的行为，不仅对自己的学习毫无好处，而且可能会因此而付出沉痛的代价。学生抄袭作业一旦被发现，轻则作业成绩得低分，重则可能挂科，甚至可能被开除。所以，一定不能心存侥幸，以为抄作业只是小事情而已。

下面是一个课后作业方面的情景案例。

情景案例2.2

小沈和小秦是化学系 2000 级同班同学，他们同住一个宿舍。大一上学期系里安排了必修课程高等数学。教授高等数学的是数学系的陈老师。

国庆假期前的一次课上，陈老师照例布置了课后作业：完成习题册第

---

① 查尔斯·李普森. 诚实做学问——从大一到教授. 邵元宝，李小杰译. 上海：华东师范大学出版社，2006：27.

23~26页的习题。之前小沈已经计划好与自己的两个高中同学一起去甘肃旅游，因为第二天就要出发，所以他打算等旅游回来再完成作业。

原定5天的旅游计划，由于没有买到回程车票，所以小沈拖到第7天晚上才回来。第二天就要上高等数学课，他已经没有时间完成作业了。小沈非常着急。这时，他看到小秦的习题本就放在桌子上。打开一看，小秦已经完成了作业。小沈心想，高等数学习题不是作文，答案都是标准的，即使抄别人的作业，也不容易被发现，而且自己就抄这一次，以后就不会抄了。于是，小沈趁小秦还没有回来，赶紧抄了他的作业。

第二天课上，小沈把作业交了上去。几天以后，他接到陈老师的电话，让他去自己办公室一趟。陈老师当面打开了小沈的习题册，问他是不是自己独立完成的作业。小沈回答说是。陈老师取出了小秦的习题本，将两本习题册进行对照。两份习题本上做对的题目和做错的题目完全一致。小沈羞愧地低下了头，承认自己因为时间来不及而抄了小秦的作业，但小秦并不知情。

在这个情景案例中，小沈因为没有足够的时间独立完成作业，且自认为抄作业并不是什么严重的事情，也不容易被发现，所以心存侥幸地抄了其他同学的作业，但最终被老师发现了。

无论基于什么原因，抄作业都是不被允许的。这是一种不诚实的欺骗行为。我们也许会有各种各样的原因而无法按时完成作业或者没有能力独自完成作业。遇到这种情况时，实事求是地向老师说明情况然后延期交作业，或者寻求老师的指导，其结果都会比抄别人的作业好得多。

在现实生活中学生抄作业的现象并不少见。多数人在一开始抄作业的时候，都没有意识到问题的严重性，可是一旦形成习惯，"抄"可能就成了家常便饭，无论是实验报告，还是读书报告，甚至是学位论文，都可能"不经意地"盗用别人的东西。这样下去，最终会毁掉自己的学习和科研。因此，"勿以恶小而为之"，从小处、从一开始就严格自律，才能够养成诚实的习惯，才是真正地对自己负责任。

课后作业除了案例中提及的课后习题外，还包括课后阅读等。在阅读时，适当地做些笔记，按不同的内容进行分类摘录，加上自己的批注，有选择性地标记或抄录一些经典的陈述或者对自己有用的论述，都是不错的学习方法。在这个过程中，应该随时标注出处，以免时间一长或者内容一多就遗忘掉了，在以后的使用中，可能会标注错误的出处，或者直接当作自己的观点。一旦如此，就可能被认为是一种剽窃。剽窃是非常严重的科研不端行为。

除了阅读之外，老师还可能会要求学生自己动笔写一些东西，如读书报告、小论文等。老师把这些撰写工作作为课后作业布置下去，是希望进一步巩固、扩展课堂教学。学生在完成这些作业的时候，可能要付出比阅读资料更多的时间和精力。撰写课后读书报告、小论文等，是学生开始自己动手写文章的入门阶段，虽然与正式的学术论文撰写还有一定的距离，但是，一些基本要求仍然是一样的，比如，必须自己独立完成，不能抄袭别人的作业或"盗用"他人的研究，等等。目前国内外很多大学都使用了专门的反剽窃检测系统。反剽窃检测系统具有文件原创性对比功能，老师可以借此将学生的作业/论文与网上所有内容及论文数据库进行比对，并显示其抄袭的比例，从而发现问题，这为老师审查学生的作业、报告、论文等提供了便捷的技术手段。所以，老老实实地完成作业，才能"不吃亏"。

2.1.3　期末考试

期末考试是检验一个学期学习成果的重要工具。不同于中小学比较单一的期末考试形式，大学期末考试的形式多种多样，有随堂考试、平时作业积分、提交论文、闭卷考试、开卷考试等。无论是哪种形式的考试，都有一些基本的规则需要遵守，其中最为基本的就是：自己独立完成。

也许有人觉得自从上学以来，就有考试相伴，自己对于考试规则已经非常熟悉了，没有什么需要特别注意的地方。的确如此。一般来说，考试的基本规则已经是不成文的规定了，大家也都很清楚。但是，考试中出现的问题往往发生在一些不被人注意的细节上。这里将不同类型的考试分为三类来说明：一是闭卷考试，二是开卷考试，三是课后提交论文。

大多数考试都采用当场闭卷考试的形式。考生不得携带任何书刊、报纸、稿纸、资料、手机等通信工具或有存储、编程、查询功能的电子用品进入考场。只准带必需的文具，如钢笔、圆珠笔、签字笔、铅笔和橡皮、绘图仪器，以及无字典存储和编程功能的电子计算器，或考试单位特别说明可以携带的用具。此外，毋庸置疑的是，在考试之前，学生是不能接触试卷的。如果学生在考试之前通过不正当手段接触试卷、知晓考题，就会被认定为是非常严重的违规行为，会受到严厉的处罚。

开卷考试也是大学里常用的一种考试形式。这种考试形式使学生省去了很多死记硬背的功夫，但它绝不意味着简单轻松。因为老师选用这种考试形式的主要目的，是考核学生是否能够灵活运用所教授的知识点、理论、方法等。这不仅需要学生对这些内容非常熟悉并且了然于心，而且需要有更加丰富的知识积累和深度的思考，这样才能写出高质量的答案。需要注意的是，虽然开卷考试允许学生携带课本、参考资料等，但是仍然不允许学生随意地将别人的观点、想法当成自己的观点、想法写在试卷上。

大学里还有一种常用的考试形式是提交读书报告、论文等。这种考试形式一般不会要求学生在课堂上用规定的时间完成，而是让学生在课后完成，然后提交纸质版本或者电子版本。这是一种让学生运用已学的基础理论知识，结合相关参考资料，独立进行研究的训练。通过论文写作，可以进一步培养学生发现问题、分析问题和解决问题的能力，并在这一过程中使学生了解学术论文写作的基本规范。为了完成这种考试，完全可以利用课本、课堂笔记，也可以去图书馆参阅资料，当然还可以上网搜索相关资料。课后提交论文的考试形式不会有人实时监督，但是也必须自己独立完成，绝不可以让他人代劳。撰写时自己参考了哪些文献，必须如实地以正确的方式给予标注。如果是直接引用，则需要把引用的话放在引号里面，并标明出处。如果是转引，自己没有查阅过原始出处，那么也要诚实地标明转引自何处。同时，需要特别注意两点，一是用自己的话转述别人的研究或观点，也需要予以注明；二是不能为了使文章看起来像参考了很多资料的样子，罗列大量自己根本没有查阅过的文献。

很多人对于这些考试规则的细节并不了解，或者有意忽视。这些违反考试规则的行为一旦被发现，他们就要受到相应的处罚。所以，在考试之前就了解规则并且在考试的时候严格遵守规则，是非常有必要的。一些学校制作了专门的手册发给学生，以使他们更好地了解规则。如果一开始就注意，那么大学的学习生活和未来可能的科研道路会走得顺畅很多。

下面是清华大学经济管理学院关于处理学术不端行为的管理办法，其中细述了有关学生考试不端行为的规定，可以作为参考。

清华经管学院关于处理学生学术不端行为的规定（节选）
（2010 年 7 月 19 日院务会讨论通过）

第二条、学生学术不端行为的范围

学术不端行为，是指违背学术道德的行为，与学生相关的学术不端行为主要表现但不限于以下行为：

1. 抄袭

1）未经老师允许考试过程中使用参考资料，包括电子设备储存的资料；

2）考试过程中，包括在交卷后试卷收集的时间里，以任何方式与其他学生交流；

3）考试或作业中复制或抄袭其他学生的分析内容或结题过程和答案；

4）修改已经打分的试卷或作业后重新提交打分；

5）将同一份作业提交给两门课程；

6）作业、毕业论文或报告中引用他人原话、原句或他人成果甚至思想未作标注。

2. 剽窃

1）剽窃他人成果和提供虚假信息；

2）不采用索引标记或其他出处标记方式从公开的信息来源中抄袭观点或复制措辞；

3）未标明出处从源文件中复制段落；

4）复制并提交其他同学的作业；

5）购买论文或请他人代写论文。

······

4. 默认学术不端

1）允许其他学生抄袭本应独立完成的作业或问题；

2）默认其他学生在考试中抄袭；

3）代替他人参加考试或完成作业。

◆◆ 2.2　请教与交流

在阅读文献、做实验、撰写文章时遇到困难，是学习和研究中的家常便饭。虽然自学是非常重要的一种学习方式，但是向老师或其他人请教，可能会让你感到茅塞顿开、恍然大悟，获得更加快速的进步。另外，老师对经常与他们交流和善于交流的学生，也会有更深的了解，愿意抽出时间和花费精力帮助他们，促进他们更快地成长。

2.2.1　请教的对象

科研道路上的人际交往不同于日常生活中的人际交往。在准备走上科研道路和走上科研道路之后，需要认真考虑什么样的人能够在自己未来的整个学术生涯中帮助自己。这样的人有很多，包括和自己一起学习的同学、比自己早入门的高年级同学、自己的专业课老师或指导导师、所感兴趣的研究领域的学者、实验室的技术人员、科研秘书，等等。如果能够积极地与他们接触，向他们请教，一起讨论问题，他们一定能够帮助你解析困惑，并帮助你进一步拓展学术社交圈。

在这个可以让自己受益终生的人际网络中，最核心的当然是导师。现在已有越来越多的大学在本科阶段就实行导师制，导师定期与学生见面，不仅可以加强交流、加强学习指导，还可以进行科研诚信方面的教育。

对于大学本科和研究生阶段的学生来讲，主动地向导师请教是非常必要的。主动请教是学生学习如何做科研的一个重要环节，是学生学习的一项重要内容。我们时常会听到一些学生抱怨自己的导师没有时间指导自己，自己甚至见不到导师，导师对自己的研究也不是很在意。还有一些学生甚至抱怨直到答辩也没有当面与导师讨论过问题。出现这种情况，一般来说，导师和学生双方都是有责任的。由于导师通常需要授课，需要从事科学研究，还有责任为单位和社会服务，如参加相关会议、审稿、评阅论文、审阅课题项目、讲座报告、科学普及等，所以导师经常很忙是很正常的。导师不可能每时每刻都待在办公室、实验室里，等待学生上门求教或者主动去指导学生。学生需要自己主动让导师知道自己的学习和科研情况。如果一直不向导师汇报，一直不愿意与导师交流，一直没有进展，一直没有想法，一直没有完成导师安排的任务，等等，那就很可能是自己的问题了。与其抱怨导师太忙，倒不如先反省自己，看看自己是否认真对待学习和科研工作了。

处于可以让人受益终生的学术关系网络第二层的，应该是那些能够在专业学习和科研活动中给予直接指导的人。他们可以是专业课老师，可以是研究生指导小组的成员，也可以是自己所感兴趣的领域的著名学者，还可以是能够指导自己撰写学术论文、提供有用数据信息的人。相对导师来说，与这些人的关系不会那么紧密。如果希望与他们建立关系，就需要主动"出击"。

处于可以让人受益终生的学术关系网络第三层的，是那些在日常生活和学习中，与自己联系最为紧密的人，包括同班同学、早入门的高年级同学、一个实验室里的同学。因为能够与他们朝夕相处，所以可以经常与他们讨论问题、分析问题，开展合作调查、研究等。可以说，他们是学习和科研道路上共同进步的人。如果能够加入这样一个优秀的团队，那么自己的进步将会因团队力量的增加而加速。

此外，为了让自己的学术关系网络运作得更加顺畅，还需要其他很多人的帮助，如学院的行政人员、技术人员、设备管理人员等。他们保障学院的日常运行，常常掌握许多重要的信息和资源。如果能够与他们保持良好的关系，肯定对学习和科研大有裨益。

2.2.2 请教中的注意事项

这里主要讲述向人请教，特别是向那些能够在专业学习和科研活动中给予自己直接指导的人请教时，需要注意的事项。这些人包括专业课老师、研究生指导小组的成员、自己感兴趣领域的著名学者，或者是能够指导自己撰写学术论文以及提供有用数据信息的人。他们可能是别人介绍的，可能是导师推荐的，可能是自己参加某个学术会议遇到的，也可能是在查阅文献时发现的。总之，他们常常不是在日常学习和科研中能够频繁接触的人，甚至可能是根本不认识的人。如果要向他们请教，与他们进行交流，就需要掌握注意一些事项。

之所以想要与别人联系，必然是因为遇到了问题，或者有自己感兴趣的题目需要向他们请教，听取他们的观点、意见。也就是说，请教是预先带着问题的。为了提高交流的效率，使难得的交流机会能够发挥最大的作用，第一步需要做的，就是将自己所要问的问题或所要讨论的主题，以及自己的观点想清楚、整理好。问题越有重点，前期准备越充分，就越能够与他（她）们进行好的或有效的交流。虽然在有些场合，漫无边际地随意畅谈是可以的，但是如果是专门就某个问题向人请教的话，这种不必要地消耗被请教者宝贵时间的做法就非常不合适了。可以预先准备一些材料，如果是比较正式的请教，可以将自己的问题、想法等写下来，准备能够体现自己水平的材料，比如，撰写好的文章、准备的会议发言稿、设计的实验计划、研究计划，等等。

在请教别人时，必然会就某些问题展开讨论。通过讨论，可以获得很多有用的信息。需要特别注意的是，在使用这些信息时，要充分尊重他人的工作和贡献。下面是一个错误地使用了在请教中获得的信息的情景案例。

情景案例 2.3

硕士研究生二年级的学生小陈已经选定了自己的研究方向，并且完成了毕业论文的开题。但是近来，他的研究遇到了困难：在实验正式开始以后，原本计划运用的实验技术无法获得预期的实验结果。为了继续推进研究，小陈必须使用新的实验技术。但是对使用什么新技术，小陈丝毫没有头绪。

经过 3 周时间的摸索，小陈仍然没有一点进展。于是，他想到了原来实验课的任课老师张老师。张老师在新实验技术探索方面非常有造诣。经过电话联系，小陈与张老师约定周三下午 2 点到张老师的实验室请教。

小陈进来的时候，张老师正在做实验。小陈向张老师讲述了自己遇到的困难。张老师非常高兴地告诉小陈，自己近期正在研究一种新的实验技术。张老师向小陈描述了这种技术，认为这种技术对于解决小陈的问题很有帮助，但是这种技术还处在研究阶段，需要一段时间才能完善。

小陈回去以后，按照张老师的思路重新设计了实验。3 个月以后，小陈用新的实验技术取得了阶段性进展。据此，小陈撰写了一篇论文，投给了本领域的一个国内期刊。论文很快就发表了。某日，张老师翻阅期刊时，看到了这篇论文。阅读以后，张老师发现该论文所描述的实验显然是依据了他曾经与小陈描述的实验技术。但当他查看论文引证时，却发现全文都没有提及他。张老师感到非常震惊，他找到小陈询问此事。小陈表示自己的确借用了张老师的思路和方法，但是因为张老师并没有这方面的已发表论文，所以他认为自己使用时不需要注明。

在这个情景案例中，小陈通过向人请教获悉了别人未公开发表的研究方法并在论文中使用，但没有事先征得同意，也没有在论文中予以说明。小陈的这种做法对吗？张老师为什么对此感到震惊呢？是不是未公开发表的信息资料就可以"拿来"随便用而不用征得所有者的同意、不用进行标注呢？

在请教和交流中。如果获取了别人的思想、观点、数据、方法、资料等，是不可以随便"拿来"使用的。如果需要使用这些资料信息，必须要经过当事人或所有者的许可，并以其认可的方式标注出来。擅自使用或者未加标注，很可能会被认为是剽窃。剽窃是一种非常严重的科研不端行为。

◆ 2.3　文献调研及报告

文献的种类很多，不仅包括图书、期刊、学位论文、科学报告、档案等常见的纸面印刷品，还包括其他形态的各种材料。查找、整理和利用这些文献资料的工作，一般被称为文献调研。进入大学特别是研究生阶段的学生很快便需要搜集大量资料，进行大量阅读，撰写文献调研报告。不仅如此，在结束学生时代开始从事科研工作之后，文献调研工作还要与职业生涯一直相随。所以，在学习做科研的时候，就要学会如何搜集资料，学会如何正确高效地使用或利用这些材料。这一部分将着重阐述学生阶段与文献调研相关的规范。科研活动中有关文献调研的更多注意事项，如项目申请中的文献调研，将会在第 3 章中阐述。

2.3.1 文献积累与整理

在文献搜集过程中，需要对所要查找的课题进行一番分析，明确查找的目的和要求。一定要清楚需要什么、不需要什么。比如，确定查找的学科范围，弄清楚是要取得有关某一问题的所有文献资料，还是只要一段时间的文献资料；是要获取某一国家或地区对某一问题发表过的文献资料，还是只要某一学者有关某一问题的文献资料。查找的目的不同，其检索过程、检索的途径也截然不同。

查找文献的渠道，除了各类图书馆之外，随着网络的发展和普及，互联网正在成为越来越重要的资料搜集途径。检索各类数据库已经成为必不可少的研究路径。此外，还有很多其他途径，如阅读综述性专著、寻访专家做专题访谈、参加学术会议寻找线索、查阅课题组研究记录等。

在获得了所需要的文献资料以后，接下去的重要工作就是对这些文献进行归整，也就是文献的积累和整理。需要注意的是，应当在自己的学习或研究刚刚起步的时候，就开始这项工作。检索到的资料常常是零零碎碎、杂七杂八的，因此，对文献进行整理就是一个知识积累和提升的过程。积累文献是一个漫长的过程，不只是在有了具体的研究工作以后才需要做，更重要的，是在平时注意积累和搜集各种相关的文献资料，并形成习惯。

在搜集和阅读资料过程中，随时进行资料记录，这是积累资料的重要手段。在撰写报告、论文时，可能遇到过这样的问题：无法想起某一论述出自哪一篇文献而不得不将其删掉，或者将文献出处张冠李戴，或者不知不觉地将他人的成果"转化"成了自己的。尤其是最后一种情况，无论主观意识如何，它在事实上形成了剽窃，是一种非常严重的科研不端行为。下面就是这方面的一个情景案例。

情景案例 2.4

小王是心理学系硕士研究生二年级的学生。在与导师讨论之后，他选定社会心理学的实验方法为硕士论文的研究方向。确定研究方向以后，他开始专心搜集和整理相关的文献。

　　小王经常到图书馆翻阅书籍、期刊，利用图书馆电脑检索数据库论文。他专门准备了一个笔记本，将自己认为有用的论述随手记录下来，同时将自己的一些感想也记录下来。他想，经过一段时间的积累，自己对社会心理学实验方法就会有比较全面和深刻的了解。

　　3个月以后，导师希望了解小王的进展，让他撰写一篇社会心理学实验方法方面的综述。于是小王根据这段时间的积累，将问题归整后，开始撰写。在写的时候，他充分地运用了自己笔记本上所记录的内容，感觉自己这项文献积累工作非常有效。

　　一个月以后，小王将写好的文献综述交给了导师。很快，导师就让小王到办公室找他。导师将综述中的几处论述用红笔画了出来，他问小王这几处论述是小王自己的观点还是参考了其他资料。小王感到有些迷惘。原来，他在做笔记时，经常只顾抄录原文而没有及时标注出处。时间一长，自己就忘记了原文的出处。而且笔记中还夹杂着许多自己在读书时所迸发的想法。这些不同的记录常常混在一起。当他撰写综述时，那些没有标明出处的论述就被他"不经意地"当作了自己的想法。

　　做好文献积累和整理的一个重要作用，就是为了能够做到"有据可查"。上面这个案例就是因为在文献资料记录和整理过程中没有养成良好习惯，所以导致了不端行为的发生。如果在平时的阅读和资料收集过程中就特别注意，完全可以避免出现这类情况。无论用笔记本、卡片记录资料，还是用电子文档记录资料，都要严格按照一定的格式，记录下完整的信息：文献内容、作者、书名、题目、刊名年代、卷期、地址、页码、出版地、出版社、版次。初学者往往过于注重文献内容，而忽视对文献基本信息的记录，等到撰写论文需要著录参考文献时，才去重新查找原文，不仅浪费时间，而且还常常无从查找，严重时就会发生不端行为。

　　随着学术论文数据库及电子书的发展和普及，现在还有专门的文献整理软件，如 Endnote、NoteExpress 等，非常方便、快捷、高效，其核心功能是帮助使用者在整个科研流程中高效地利用电子资源。这些软件一般都支持数量众多的图书馆书库和电子数据库，如万方数据、维普网、中国知网、爱思唯尔期刊全文数据库（Elsevier ScienceDirect）、美国化学学会（American Chemical Society，ACS）期刊全文数据库、联机计算机图书馆中心（Online Computer Library Center，OCLC）、美国国会图书馆（Library of Congress）等。用户可以检索并管理得到的文献摘要、全文，分门别类地管理百万级的电子文献题录和全文，整理并创建自己的数据库。还可以对检索结果进行多种统计分析，从而更快速地了解某领域里的重要专家、研究机构、研究热点等。此外，与文献相互关联的笔记功能，能随时记录阅读文献时的思考，方便以后查看和引用。

2.3.2 调研报告的撰写

相比于调研报告，更加为人所知的可能是调查报告。一般来说，调研报告与调查报告是有区别的。调查报告侧重调查过程，而调研报告侧重于研究与结果，它以调查为前提，以研究为目的，研究始终处于主导地位。调研报告一般针对解决某一问题而产生，报告需要陈述该问题发生和发展的起因、过程、趋势和影响等。

要写出合格、规范的调研报告，首先需要确定调研主题，即调研要阐明解决的问题。确定课题是调研工作的起点。根据调研课题性质的不同，调研报告分为多种类型，如专题性调研报告、政策建议性调研报告、历史情况调研报告、理论研究性调研报告、现实情况调研报告，等等。当然，很多报告其实是这些不同形式的结合体。在学习和科研工作中运用最多的，一般是理论性调研报告，而它一般以文献综述的形式呈现。

文献综述是对某一方面的专题搜集大量情报资料后经综合分析而写成的一种学术论文，它是科学文献的一种。文献综述反映当前某一领域中某分支学科或重要专题的进展、学术见解和建议。它往往能反映出有关问题的新动态、新趋势、新水平、新原理和新技术等。文献综述与"读书报告""研究进展"等有相似的地方，因为它们都是从某一方面的专题研究论文或报告中归纳出来的，但是又有不同。文献综述的特点就在于它名字中的两个字："综"和"述"。"综"是对文献资料进行综合分析、归纳整理，使材料更精练明确、更有逻辑层次；"述"是对综合整理后的文献进行比较专门的、全面的、深入的、系统的论述。文献综述的英文为"literature review"。"review"是"回顾、复习"的意思。因此可以说，文献综述是作者对既往关于某一问题文献的查阅、复习、整理、综合，从而系统地反映这一问题研究的历史和现状、成就和展望。它是一类二次文献。

为了进一步分析和思考自己的研究课题，为选题打下较坚实的基础，需要考虑自己去写好一篇文献综述。初入科研领域的人，在写综述上花费些力气和时间是非常值得的，这也是科研基本功的训练过程。通过搜集文献资料过程，可进一步熟悉文献的查找方法和资料的积累方法；在查找的过程中同时也扩大了知识面；综述的写作过程，能提高归纳、分析、综合的能力，有利于以后开展独立的研究工作。

虽然文献综述的类型多样，但是在撰写文献综述时，需要注意很多问题。下面是一个这方面的情景案例。

情景案例 2.5

小刘是社会学专业硕士研究生一年级的学生。他选修了本系陈老师的"人类学田野调查"课程。到期中时，陈老师按照课程安排让每个学生撰写人类学田野调查方法的文献综述。

课后，小刘利用学校图书馆的数据库进行了检索，发现有关人类学田野调查方法的国内外文献资料非常多。如果要全面检索和阅读这些资料，将需要花费很多时间和精力。小刘觉得这样做实在太吃力，他打算寻找一条捷径。

在浏览文献的时候，小刘看到一篇英文论文。这篇论文是某某教授撰写的有关人类学田野调查方法的文献综述。小刘非常高兴，他马上进行关键词查找，又找到了三篇中文综述论文。阅读了这四篇论文后，他觉得自己对人类学田野调查方法已经有了不少了解。于是，他汇总了四篇论文的内容，整理成了一篇"自己的"文献综述：选取了其中一篇文章的框架结构，将已有人类学田野调查方法分为五类；将四篇论文的结论进行整合，对已有研究进行了评述；将四篇论文的参考文献进行合并，同时加入了一些自己在数据库中搜集到的文献，列出了自己的参考文献目录。

小刘将这篇文献综述交给了陈老师。在随后的课堂上，陈老师让同学们就人类学田野调查方法的已有研究开展讨论。在讨论中，小刘发现自己的论文在评述上有很大的偏颇：没有涵盖新近的研究，遗漏了许多重要的研究，结论非常不全面。

不久，小刘收到了陈老师退给他的论文。陈老师一一指出了他的文献综述中存在的问题，并且让他重写。

在这个案例中，小刘出于懒惰，将几篇综述汇总成为自己的综述，对它们的参考文献目录进行一些添加以后直接"搬进"了自己的文章中。这种做法不仅导致他在文献综述中的评述不当，更是一种剽窃行为。

撰写合格的文献综述，是一项非常耗时耗力的工作。虽然在刚刚开始步入科研领域，对某一问题产生兴趣，希望选择它作为自己未来的研究方向，或者需要对某一问题进行深入挖掘、追溯的时候，阅读一篇好的文献综述可以帮助自己发现前人工作中的成就、空白、缺欠或不足，但是自己进行查阅和思考的工作不可或缺。撰写文献综述需要注意以下四方面的问题。

首先，评论他人的研究工作应当用词准确。综述中虽然也会有作者自己的评论分析，但文献综述的主体是综述前人的资料，因此在撰写时应分清作者的观点和文献的内容，不能夹杂具有个人偏向性的分析、推论等，更加不能篡改文献的内容。

其次，所用文献需要有代表性。一般来说，综述所用文献量很大。如何从这些文献中选出具有代表性、科学性和可靠性大的单篇研究文献十分重要。从某种意义上讲，所选择的文献的质量高低，直接影响文献综述的水平。因此，搜集文献应尽量全面。掌握全面、大量的文献资料是写好综述的前提，如果随便搜集一点资料就动手撰写综述，是不可能写出好的综述的，甚至都不能称之为综述。为了做到这一点，需要在阅读文献时做好读书笔记，收集和甄别文献，同时，可以与导师或者领域内的资深学者讨论，他们依据自己多年的经验可以给你非常重要的建议。当然，接收了这些建议的同时，也意味着你要以恰当的方式承认他们的贡献。

再次，尽量引用原始文献。使用二手文献是初学者非常容易出现的问题。这些二手文献虽然可能让你很方便地了解所要研究问题的概貌，但如果一篇综述所用的大部分资料都来自二手文献，那么提炼的观点和介绍的事实是不足以令人信服的，还常常可能会导致片面的结论。情景案例 2.5 中的小刘就犯了这个错误。因此，写综述时尽量多引用原始的单篇文献，即一次文献。

最后，诚实地列出自己的文献目录。参考文献是文献综述的重要组成部分，列出参考文献，一是体现对前人研究成果的尊重；二是为本综述提供依据，提高综述的可信度；三是为读者提供查找原始文献的线索。上述案例中的小刘，将所看到的二手文献中的参考目录直接"搬进"自己的文章中，这是初学者可能会出现的问题。这种做法不仅仅是偷懒，也是对读者的一种误导和欺骗。

◆ 2.4 科学实验及报告

在大学第一堂实验课上，也许更早一些，在上中学的时候，老师们论及科学实验，就常常会提到培根。培根是近代实验科学的先驱，他积极主张并且从事科学实验活动。科学实验对于科学研究的重要性已经毋庸置疑。

理、工、农、医等专业的学生进入大学以后，有很多时间要接触实验。

进入研究生阶段以后，很多人更是一头扎进实验室，终日与实验打交道。这一部分将着重阐述学生阶段与科学实验相关的规范。科研活动中有关实验的更多注意事项，将会在第 3 章中阐述。

在学生阶段参与实验，不仅能够提高学习兴趣，而且能够培养观察能力、思维能力、探究能力，这是日后开展科学研究所不可或缺的。但是，纵观科学史，实验室恰恰是一个"不端行为的多发地带"。实验室里的一些不端行为可能比较显而易见，如故意涂改实验记录。但是，另外一些却具有一定的隐蔽性，不易被察觉，比如，自己没有做过某个实验却捏造实验结果；抄袭别人的实验数据，冒充是自己的实验结果；故意剔除不利的或异常的原始数据，只保留有利于自己学术观点的样本或自己想要的数据；夸大实验或观测的重复次数；夸大实验动物或试验患者的样本量或数量；故意回避不同的实验条件，将不同时间、不同地点、不同条件下获得的数据混在一起使用，等等。科学实验中的不端行为类型可谓多种多样、花样百出，但无论怎样，这些行为都是不可取的，因为它们不仅损害了科学研究的声誉，而且最终也毁掉了自己的学术生涯。

2.4.1 科学实验的设计

科学实验的第一步，是进行实验设计。大学本科低年级的实验课，多是参照已经设计好的实验进行重复试验。但是进入高年级和研究生阶段，以及步入正式的研究工作以后，就经常需要设计实验。科学实验的设计不仅是一项重要的研究能力，而且能集中地反映一个人是否具有严谨治学的科学态度、实事求是的科学精神。

一般来说，科研实验都有预期的实验目的、要求和实验条件，需要研究人员据此自行设计实验方案，选择实验器材，制定操作程序，并最终完成整个实验操作。与一般的验证性实验相比，这样的设计性实验更加需要实验者能够灵活地运用所学的知识来提出问题、分析问题、解决问题。实验设计既要求有较强的思考及操作能力，也要求有较强的综合分析和逻辑思维能力。也就是说，实验方案设计培养的是分析问题、解决问题及创新等综合能力。这就要求实验者能够首先掌握科学实验方案设计的基本原则和方法，只有这样，才能设计出一个完整、严谨的实验方案，才能对实验结果进行分析、解释，推测、预期后续的实验步骤。

科学实验设计应遵守一些基本的原则，包括：①科学性原则，在实验方案设计中必须有充分的科学依据；②单因子变量原则，控制其他因素不变，而只改变其中某一因素，能够观察到其对实验结果的影响；③平行重复原则，控制某种因素的变化幅度，在同样条件下重复实验，能够观察到其对实验结果影响的程度，这一原则非常重要，这也是日后同行审议实验结果可信性的重要标准；④设立对照原则，实验中要设立对照组，使实验结果具有说服力。

当然了，最为重要的一条原则是：自己独立设计实验、独立完成实验，真实地记录实验过程和结果。如果是与其他人合作设计，或者是借鉴了他人的实验设计，那么就应该做出明确的说明。在设计性科学实验中，如果盗用他人的实验设计，会被认为是科研不端行为。下面就是一个这方面的案例。

情景案例2.6

小陈是生物系硕士研究生二年级的学生。他所在的实验室是干细胞与再生生物实验室。最近，他与导师商量毕业论文的研究方向，最后选定研究动物病毒及其与宿主细胞的关系。

于是，小陈马上开始进入研究工作。按照既定的计划，在前面三个月的时间里，小陈都埋头于搜集和整理国内外的相关研究。之后，他有了一些头绪，开始设计自己的实验方案。

但是在设计实验时，小陈遇到了困难。他找不到适当的思路来设计自己的实验模型。这几日，他与实验室的师兄小张进行了讨论，但也没有什么头绪。于是他又开始查阅相关数据库。经过几天的搜索，他发现了美国F教授发表的一篇论文。在这篇论文中，F教授详细地介绍了他的实验方案。小陈觉得这个方案与自己的研究非常契合。他将这个好消息告诉了小张。在接下去的几天里，小陈按F教授的方案设计了自己的实验方案，并开始实验操作，收集实验数据。

在实验室内部讨论会上，导师让每个人详细汇报自己最近的研究进展。小陈向大家展示了自己获得的实验数据。导师进一步追问了小陈的实验方案。小陈对自己的实验方案进行了陈述，但是没有说明自己参照了F教授的方案。

会后，小张找到小陈，认为他应该在会上明确告诉导师自己实验方案的来源。小陈则认为，他虽然借鉴了F教授的实验方案，但自己的方案和F教授的方案只是部分相同，并不是完全一样，况且那只是一个实验方案而已，他所汇报的实验数据都是通过自己的实验操作获得的，并没有照搬别人的。

小陈的说法站得住脚吗？是否只有剽窃实验数据才算是不端行为，而"借鉴"他人的实验方案则不在剽窃的范畴之内呢？由于我们在各类信息发布渠道上所见的科研中的剽窃行为多为实验数据的剽窃，所以很容易给人一种错觉，特别是给初入科研之门的学生一种误解，以为剽窃的对象就是实验数据、别人的研究结论等。事实上，对研究起重要作用的实验方案，也同样是研究人员的研究成果，是个人智力劳动的成果。如果使用了他人的实验设计，那么无论是全盘照搬，还是只借鉴了其中一部分，都应当予以承认。

2.4.2 实验数据的采集、处理与使用

很多机构都要求研究人员保存实验全过程中各个步骤的精确记录，其中也包括了实验的阶段性成果。作为初入科研之门的学生，从一开始就养成随手如实记录实验或调查数据的习惯非常重要。这不仅仅是科学研究的基础，而且对日后检查科研行为或核对得到的科研成果都是必要的。实验记录不光是自己看的，还要给别人看，要忠于原始记录，详尽纪实。实验记录本是判断知识产权的重要依据之一。实验记录要求装订成册、归档，要经得起相当长时间的检验。学生在实验中若有新的想法，可写在记录本上，作为知识产权的原始数据和资料。许多部门对实验本记录及管理有严格的要求。有的要求学生将实验本编页，且要求导师定期签字，或者同事、同学间相互签字、认可。只有有了严格和完整的原始数据的记录，才能在发生质疑时，保证数据的可检验性，保护自己和实验室的声誉。

一些机构还会有关于数据保存年限的详细规定。下面是英国研究理事会生物技术与生物科学研究理事会（BBSRC）关于数据保存的规定，可以参考。

生物技术与生物科学研究理事会关于数据保存的规定[①]

生物技术与生物科学研究理事会要求研究工作者对科研全过程之中的各个步骤保存明晰而精确无误的记录，包括暂时成果的记录。这不仅作为一种手段用于证明研究行为是否得当，而且对其后检查科研行为或核对得到的科研成果都是必要的。基于相似的理由，在研究过程中生成的数据必须以书面形式或者电子信息完整保存，万无一失。生物技术与生物科学研究理事会要求在研究项目完成之后，这些数据要安全地保存 10 年，而且被资助的科研机构必须制定方针政策，明确保存数据资料的责任及相关事宜。

---

① Biotechnology and Biological Sciences Research Council. BBSRC Statement on Safeguarding Good Scientific Practice. 2013. http：//www.bbsrc.ac.uk/web/FILES/Policies/good ＿ scientific ＿ practice.pdf.

研究人员在数据采集、处理和使用中，经常会出现一些不应发生的问题，比如：

（1）没有及时记录实验数据。研究人员应该及时、准确地记录实验过程和结果。但有的时候，可能会想着过一会儿再把数据写进实验记录本，或者等完成了整个实验再进行记录，但是事后往往会遗忘或记错。这些失误可能会直接导致记录的实验结果与实际结果不符，使研究失实，甚至导致不端行为的发生。所以，千万不要小看随手记录数据这个事情。只要养成了习惯，这自然而然也就不是什么费事的事情了。

（2）把数据随手记录在小纸片上。做实验时，有时会把实验数据随手记在桌上的小纸片上，打算一会儿再写进实验记录本。也许以前有很多次都这样做了，而且也没有出什么问题，但这仍然是一个不好的习惯，因为这些小纸片可能在不经意间不翼而飞，或者自己完全想不起来这是什么时间、什么实验的记录，结果就会导致实验记录出现问题。

（3）没有及时整理实验记录。不及时地对实验记录进行整理，常常很难发现实验中的细节和规律。养成实验完成后及时整理数据的习惯，有时会有意想不到的收获。

（4）实验记录不够详细。实验当中，一个很小的细节可能就是实验失败或者成功的原因，如果没有记下这个细节，那么事后可能就难以找到原因。比如，此次实验用的是哪一瓶试剂、什么时候配的（尤其是容易失效的试剂）、实验开始的时间、获取数据的时间，等等。这些小细节虽然不起眼，但事实上却很重要，只要养成了随手记录它们的习惯，也就不会觉得麻烦了。

（5）随意修改数据或选择性记录。在记录实验数据时，有时候可能会发现，有些数据不太符合自己的预期。那么这个时候该怎么办呢？是只记录符合自己期望的数据，还是将真实的原始数据作"人为的修改"？这些做法显然都是不可行的。正确的做法应该是寻找问题，重新设计实验，真实地记录实验数据。

（6）伪造实验数据。如果说，上面这些问题，有些还只是习惯问题，是可以改进的，那么伪造实验数据就是一种完完全全的不端行为了。伪造数据既可能是"无中生有地创造"数据，也可能是将其他数据移花接木放入文章中。

下面是一个学生在博士论文的相关实验中数据造假的案例，阅之引以为戒。

情景案例 2.7

小高曾是某研究所的博士研究生。她博士论文阶段的研究方向是化合物。在实验开始后不久，她发现自己无法获得预想的实验数据。之后她改进了实验方法，但结果仍然不理想。小高不想让导师和其他同学知道自己进展不顺，觉得这样会让人怀疑自己的能力。情急之下，在研究小组的组会上，她报告了自己伪造的第一个化合物的数据。

当时导师和其他同学没有对她的数据提出质疑。于是小高决心通过改进实验来获得理想的数据。但在之后的实验里她仍然没有什么进展。于是她只好继续伪造实验数据。

如此，经过近两年的"努力"，小高"实现"了研究预想，其中部分研究结果发表在国外某化学期刊上。毕业后，小高离开研究所去了一家企业工作。她所在小组的另一位研究生小冯继续跟进她的研究课题。小冯在进行扩展实验时碰到了困难，始终无法取得很好的结果，于是开始质疑小高的工作。

几个月后，研究小组与小高取得联系，希望小高对她当初获得的实验数据做进一步的解释。小高否认了自己的数据有造假的可能性，认为是小冯的实验操作出现问题。随后，研究小组开展多次重复实验，并要求小高参与。但小高始终拒绝参加实验。研究小组经过反复实验和讨论后，认定小高的实验数据是伪造的。

这是有关实验数据造假的案例。由于从一开始的实验数据获取就已经出现造假，所以之后的期刊论文、学位论文，就都无可避免地存在数据造假。在实际科研活动中，实验数据的获取、保存和使用，常常是研究人员最容易产生不端行为的地方。虽然理想的实验数据并不易获得，但无论出于什么原因，伪造实验数据都是不被允许的，是一种严重的科研不端行为。在科学史上，实验数据造假的案例并不少见，如著名的"斯佩克特假说"等，但是无论当事人如何地"煞费苦心""极力掩饰"，最终都被揭穿了，当事人也由此断送了自己的学术生涯。

2.4.3 实验报告的撰写

实验操作完成之后，接下来需要做的是撰写实验报告。把实验的目的、方法、过程、结果等记录下来，再经过整理，写成书面汇报，就叫实验报告。实验报告的撰写是一项重要的基本技能训练。实验课老师可能会在课上或者课后要求学生撰写和提交实验报告。实验报告是对每次实验的总结。它可以帮助你不断地积累研究资料，总结研究成果，培养和训练自己的归纳能力、分析能力和文字表达能力。撰写实验报告是撰写科学论文的基础。

因科学实验的对象而异，实验报告也分很多种类。比如，化学实验的报告叫化学实验报告，物理实验的报告就叫物理实验报告。一般来说，撰写实验报告会有比较固定的格式和内容要求。撰写实验报告需要特别注意的是，必须将实验过程和实验结果真实地记录下来。哪怕观察到的现象与预计的不一致，或者与理论推导的结果不一致，也不能进行数据造假。

延伸阅读书目

1. 戈登·鲁格，玛丽安·彼得. 给研究生的学术建议. 彭万华译. 北京：北京大学出版社，2009.

2. 南希·罗斯韦尔. 谁想成为科学家？乐爱国译. 上海：上海科技教育出版社，2006.

3. 查尔斯·李普森. 诚实做学问——从大一到教授. 郜元宝，李小杰译. 上海：华东师范大学出版社，2006.

4. 科学、工程和公共政策委员会. 怎样当一名科学家——科学研究中的负责行为. 刘华杰译. 北京：北京理工大学出版社，2004.

3

科研活动期

一般来说，一项科学研究的实施包括以下步骤：提出假设—搜集证据—检验证据—形成结论。在具体的研究实践中，就需要研究人员确定研究选题、制订研究计划、开展科学研究、撰写研究论文、发表研究成果、转化或应用研究成果。这个程序是研究工作的一般过程，每一个研究人员都需要熟悉这个过程，并努力在这个过程中发现一些新东西或解决一些实际问题，从而实现自己的研究创新。但是，为了避免走岔路，就需要注意哪些事情是不可以做的，从而避免犯不必要的错误。

本章主要阐述科研活动期的相关诚信规范和需要注意的问题，涉及研究选题与计划制订、项目申请、研究资源使用、合作研究、成果撰写与发表、成果转化与著作权及专利等方面。其中部分主题，如数据、文献的收集、整理、使用等，是"科研预备期"就需要关注的问题，因此在第 2 章中已有涉及。本章主要阐述数据共享、项目申请中的相关文献评述等在科研活动期中比较突出的问题。读者在翻阅本章时，可以结合第 2 章中的相关内容来阅读。

◆ 3.1 研究选题与计划的制订

在科学研究中，如何凝练问题，设计出合理的、切实可行的研究计划，事关整个研究的进展与成败。确定研究选题是科研工作开始的第一步。研究选题决定了一个研究人员在较长一段时间、甚至可能是一生为之奋斗的研究主题。因此，确定研究选题需要慎之又慎。这一方面是避免浪费宝贵的研究资源，另一方面也是对自己的学术生涯负责。

3.1.1 确定研究选题

科学研究的选题从来源上说有很多，主要可以分为定向研究和自由研究两类。定向研究也即事先确定了研究选题，研究人员按照既定的选题开展研究。这类选题虽然自主性比较低，但是有关研究的具体方法、路径等，仍有很大的自由选择空间，需要研究人员做出适当的判断。另一类是自由研究。自由研究意味着由研究人员选择要研究的题目。那么该选择什么样的研究题目呢？这就需要研究人员在日常科研工作中注意观察和收集。比如，在系统性查阅文献时，注意发现某一研究存在哪些空白、不足或者问题；与人交流时激发一些灵感，抓住学界或社会上突发的一些热点问题；等等。但有创新思想的自由研究该如何设定和执行目标呢？根据学科、任务的不同，其具体的执行会有很大不同。在我国，自然科学研究的大科学工程与教学、公益性科研与非公益性科研，如中华人民共和国科学技术部（简称科技部）"国家重点基础研究发展计划"（简称 973 计划）、"国家高技术研究发展计划"（简称 863 计划）、国家自然科学基金"重大研究计划"与"面上基金"、国家专项科研项目等，其要求各有不同。就基础研究而言，更强调源头创新，研究的系统性及深度，即所谓的"深、精、新"。在选题时着重科学发展与经济发展的关系也是一种思路。

即使确定了研究选题，还需要考虑和注意以下问题。

1）选题是否具有创新性

选题是否具有创新性是衡量一项科研选题最重要的标准。创新性是科研工作最主要的特征。在选题时要着眼于创新，善于在所从事的研究领域中寻找难点、疑点、空白点。如果只是一味地简单重复别人的研究，则是没有意义的。当然，所谓创新，其涵盖的范围很宽，可以是新技术、新产品、新材料、新设计、新方法，也可以是理论上的新发现、新结论、新见解。

有一种所谓"创新"的做法，就是在别人还不了解国外科技最新进展的情况下，将相关技术引进国内却不言明。下面就是这方面的一个案例。

情景案例 3.1

张某是某大学化学学院新进的一名青年研究人员。最近，学院决定支持青年研究人员自主选题，培育自己的研究方向。张某非常希望能够获得支持，取得大家的认可，于是他积极寻找具有重大突破性的研究方向。

经过一段时间的摸索，张某发现就自己目前的积累和所处的学科领域，很难找到能够让人耳目一新的选题。张某为此非常苦恼。在随后几天的文献检索中，张某找到了一篇国外新近发表的论文，这篇论文阐述了一项新近的科技进展。张某发现，这篇论文发表在一个平时同事们较少关注的期刊上。于是，他决定套用这篇论文，确定自己的选题。

在随后的院内交流会上，张某汇报了自己的选题，并说这是一个新的方向。其他同事由于对此不太了解，所以也没有提出异议。张某的选题获得了大家的认可，得到了学院研究经费的支持。

当还不了解国外科技新进展的时候，将最新的进展引进、介绍到国内，可以说是一项非常有意义的工作。但这不等于创新型研究。介绍、引用、借鉴他人的研究，应当要予以恰当的注释、说明，否则将会被认为是一种剽窃。

2）选题是否具有可行性

可行性是指研究课题的主要技术指标实现的可能性。选题必须在具备了一定的主客观条件下才有可能完成。实验方案是否切实可行、是否具备实验所需的软硬件条件、研究过程中各阶段时间分配是否合理等，这些问题都是在选题时就需要考虑的。为保证课题能够顺利实施，研究人员在选题时应考虑以下几点。

第一，研究者的知识结构和背景、研究能力、思维能力，以及研究团队的组成是否足以开展这项研究。

第二，研究所需要的客观条件包括研究设备、研究经费、研究时间等，是否具备。

第三，如果是涉及生物、医学、环境等方面的研究，还需要考虑研究涉及的伦理问题，包括伦理委员会的审批，研究过程中可能遇到的受试者保护、实验动物保护、环境保护等。

3）选题是否具有实用性

当然，在讨论实用性时，要正确看待理论与实践、基础与应用、远期效果与近期效果的辩证关系。虽然强调实用性并不意味着片面追求经济效益或者理论创新，但是无论是基础研究，还是应用研究，都应当有一定的针对性，考虑是否能够解决理论或实践中遇到的问题。

3.1.2 制订研究计划

选题一经确立，就需要制订详尽的研究计划。研究计划是研究人员如何进行研究的具体设想，是着手具体研究活动的框架。制订研究计划最主要的是要确定研究所要使用的方法、路线，以及准备完成研究所需要配备的资源。虽然在研究真正实施以后，不可能一板一眼完全按照计划执行，可能随时需要调整计划，但是预先制订详细的研究计划仍然非常重要。这是因为：

一则，从时间和经济上来说，写一份尽可能详细的研究计划书，预先把研究工作可能遇到的问题考虑进去，把材料和方法标准化，有助于提高研究的效率。

二则，鉴于越来越多的研究需要团队合作，在合作开始之前就一些事项达成共识并做出约定，将有利于合作的开展。

三则，除了完全的自由研究以外，很多研究具有一定的指向性，制订研究计划可以让相关人员，如导师、研究的资助方等预先了解研究的概括，并进行适当的评价和指导。因此，为了让研究少走弯路，制订好的研究计划，让研究循序渐进地开展起来，对科研工作来说非常重要。

研究计划不仅应当切合实际，具有可操作性，而且应该尽可能地详细。确定选题后，研究计划需要仔细考虑分析视角、主要研究内容、研究方法、实施步骤、设备条件、拟解决的关键问题、预期成果等。预先过于随意计划或者考虑不周，在研究实施中又随意变更计划，是非常不好的，甚至可能会被认为是欺骗行为。有关这方面的问题，可以参看情景案例 3.2。

情景案例 3.2

王某是某大学社会学系的教师。最近，他承担了系里一项研究任务，要对 30 年来某地区农村妇女犯罪问题进行调查，分析农村妇女犯罪的特点及发展变化。这项研究大约需要 1 年的时间。

为此，王某制订了一个研究计划，说明了研究拟依据的理论、采用的研究视角、主要研究内容、研究方法、实施步骤、研究条件、预期成果等。在拟采用的研究方法中，王某计划设计一份调查问卷，前往 A 女子监狱、B 女子监狱作大约 300 个样本量的调查，并对大约 40 个不同类型的犯罪人员进行访谈。因为以前在研究工作中曾经与这两个监狱的管理方有过接触，所以他确信这次的研究计划不会有什么问题。王某向系里报告了他的计划，得到了同事们的肯定。在接下来的时间里，王某逐步开始他的研究工作。

在理论研究完成得差不多的时候，王某开始联系 A 女子监狱、B 女子监狱，表示希望到两个监狱进行实地调研。不久，狱方给予了反馈，认为可以进行个别访谈，但无法配合进行问卷调查。王某只得先进行个别访谈。但在之后的实际工作中，他发现访谈工作并不如预期的那么顺利，而且他还要承担授课和其他研究任务，根本无法在规定的任务完成时间内完成预期的 40 个访谈。

最后，他总共进行了 13 个访谈，且没有完成预期的调查问卷工作。

在研究实际开展过程中，我们可能会遭遇一些预先未能估计到的困难，以致原先的研究计划无法实施，这是科研活动中的正常现象。但如果是因为自己的随意和疏忽，没有拟定切实可行的研究计划，那么这就是一种不负责任的行为。在这个案例中，王某的行为便属于这种情况。王某在制订研究计划时比较草率，并没有认真地对研究方法、研究步骤、研究条件进行切实的估计，在研究开展以后才发现研究计划根本无法执行。此外，一种更为严重的情况是，出于获得更多研究资源的目的，而对研究计划进行一些夸大，拟定虚假的研究计划则是一种欺骗行为。

◆◆ 3.2 项目申请

相比传统科学研究模式，大科学时代的科学研究模式已经发生了极大的转变。传统研究开发主要依托个人和家庭支持，虽然有时能够得到一些外部资金和条件支持，但数量不多且并不持续。仅仅依靠这种支持方式进行大规模的科学研究和新技术、新发明，显然越来越不足以支撑科学技术的快速发展。于是，来源于社会或者国家的制度化经费支持成为必然的趋势。政府和企业出于某种目的开始逐步介入科学研究和技术开发，设立科学基金或者特定项目、专项计划等，促进了研究开发工作的制度化资助机制的初步形成。

现在课题制越来越成为一种普遍实行的科研组织和管理模式。当前，在我国的科研管理模式下，研究立项和课题制方式已经成为重要的科研资源配置方式。课题制对科研活动的体制和机制，对研究人员具体的工作方式，乃至对整个科学事业的发展，都产生了深刻的影响。随着课题/项目的增多，如何规范项目管理成为一个重要问题，加强科研资助中的科研诚信管理和科研不端行为的治理研究，已经成为资助机构和科研管理机构乃至社会关注的焦点。

3.2.1 相关文献评述

研究人员申请项目时，需要进行相关的文献调研工作。做好文献调研，撰写相关文献评述，不仅是快速有效地了解领域内研究现状的好方法，也是对他人研究的尊重。

做好相关文献评述，首先需要进行文献的搜集工作。文献收集是一个较长的过程，需要耗费很多时间和精力。文献搜集的过程常常不是"一帆风顺""一路到底"的。随着搜集工作的深入，对计划中的研究问题的理解也会越来越深入、透彻。在这个过程中，可能需要随时转变文献的查找方向，甚至是改变申请的研究内容甚至方向。申请须做大量的准备工作，明确研究的目的和范围，同时具备细致耐心的工作态度及相应的查找资料的能力。如果在主观上轻视文献搜集工作，甚至敷衍了事，往往事倍功半，甚至很可能会导致一些不当甚至不端行为。下面就是一个这方面的案例。

情景案例 3.3

廖某是某大学物理学院新进人员。最近，廖某所在实验室正在申请某基金重点项目。廖某主要负责搜集国内外已有的研究文献，了解该领域的研究现状，撰写申请书的文献综述。由于新学期刚刚开学，廖某还担任了学院 3 门必修课的教学工作，备课和讲课占用了他很多时间，因此，他并没有很多时间用于申请书的准备。

由于时间很紧，廖某决定尽快完成任务。在设定了几个简单的关键词后，他就开始匆匆搜索几个相关的数据库。经过查阅，他发现没有相关性很强的文献。由此他认为现阶段相关研究还很少，该项目研究的创新程度很高。基于此，廖某撰写了文献调研报告，陈述了研究的现状、目的和意义等。

廖某按时向实验室主任提交了自己的文献调研报告。实验室主任将廖某的报告融进了项目申请报告中。没过多久，实验室收到了项目申请评审意见，结论是暂缓批准项目的申请资金，原因是对目前的研究现状了解不够，研究的关注点有所偏差。

实验室主任向廖某了解情况，发现廖某文献调研的数据库选取不恰当，文献查找的范围也太过狭窄。廖某对此感到非常自责，觉得是自己急于求成耽误了项目的申请。

现在获取文献资料的途径非常丰富。在查询已有的研究成果时，申请人应当充分查找各种可利用的资源，合理设置检索条件，并掌握一定的检索技巧。同时，还需要保持求真探索、认真负责的态度，充分重视文献检索的作用。上述案例中的廖某正是由于在搜集过程中的疏忽、盲目、急于求成，才最终导致了失误。

在完成初步的搜索之后，还需要对现有的文献进行甄别和筛选。应当根据自己的研究预设，划定适当的范围，使申请的研究工作保持正确的方向。只有在浩瀚繁杂的资料中选出符合研究方向和主题并且具有重要借鉴意义的文献，才能够把握好自己申请的研究项目的方向。因此，评估资料的能力非常重要。下面是一个文献范围选择方面的案例。

情景案例3.4

于某是某研究所研究人员。近期他参与了某基金申请项目的评审活动。

在多份送交他评审的申请书中，一份有关植物激素代谢及其调控的分子机制研究的申请书引起了他的注意。在仔细阅读了申请书中关于研究方法、研究内容的陈述之后，他觉得这一研究思路很有创新性，而且研究设计也具有可操作性，可以预期到研究成果。但当他重新审视申请书中有关已有研究和研究意义的陈述，从而想进一步了解目前国内外在这方面研究的最新进展的时候，却发现申请人对国外相关研究的陈述非常片面，特别在综述激素合成、积累与分布过程的生化和分子基础部分时，申请人遗漏掉了与研究直接有关的许多重要文献，只选取了于自己的研究方法有利的文献。

虽然这份申请书对将要进行的研究工作有很好的设计，但是对已有研究的综述却存在很大问题，因此申请书中对研究工作的意义判断并不准确。于某认为，申请人无论是基于对研究领域不够了解，还是故意遗漏重要文献，都是一种对研究不够负责的表现。最终，于某还是给出了"不予资助"的评审意见。

通过文献调研，对前人的工作给予客观评价，明确区分自己的科学研究与前人研究的区别，客观体现自身研究的创新之处，这是项目申请的基本要求。文献工作应当真实地反映该领域的研究现状，而不应根据自身的研究偏好而主观筛选文献，或者为了突出自己研究工作的价值而有意回避、隐瞒直接相关的最新研究进展。

在项目申请中，因为文献收集工作不到位而导致最后的研究"撞车"的事情并不少见。发生这种情况，当然有因为不同的研究人员恰好在差不多同一时间确定了同一研究选题的原因，但更多的时候是因为对最新文献没能及时把握，或对已有研究掌握不全面，或者存在主观故意。于是就有了不必要的重复研究。下面是这方面的一个案例。

情景案例 3.5

贾教授是某分子医学研究中心的资深研究人员。他刚刚获得某基金资助开展一个研究项目。

贾教授十分重视这个项目。他所在的实验室有多位研究人员参与了这个项目的研究工作。在项目进行过程中，实验室的一位研究人员偶然发现他们的实验设计与国外已经发表的一篇文献十分类似，甚至可以说，整个实验的设计基本相同。这篇文献发表于他们项目申请前 2 个月。他马上将情况报告给了贾教授。

此时，他们的项目正在如火如荼地进行中。放弃目前已经进行过半的实验计划就意味着前期的研究工作基本白费，这对贾教授来说是很大的损失。因此，他决定不改变原先的研究方案，忽视这篇文献，继续按照原先的计划开展工作。

实验进行得很顺利，实验结果也正如贾教授预期的那样。最后，实验室根据自己的实验结果撰写了结题报告。

对崇尚创新的科学研究来说，重复研究不仅是时间、精力、经费上的浪费，严重的还可能损害研究人员的声誉。贾教授面对上述情景的处理方式值得反思和探讨。这是因为，如果明知"重复"，还要通过一些手段欺瞒，则可能是严重的科研不端行为。

通过文献调研，研究人员可以比较准确地把握某一领域的研究现状，总结当前的研究热点，发现研究创新点，从而进一步体现出自己研究工作的价值。当然，要在浩瀚学海中找出有价值的创新点，并不是一件容易的事情，需要厚积薄发式的长期努力。倘若为了申请成功而一味地盲目求新以图"跨越进步"的话，那么最终只会毁掉自己的学术生涯。

3.2.2 申请中的注意事项

从一定程度上来说，研究人员得到了科研项目，就等于获得了重要的研究资源。因此，研究人员常常为了获得项目支持而使出浑身解数。在这个过程中，出于利益考虑，一些不为资助机构所接受的行为，甚至科研不端行为很可能就悄然萌生了。

可以说，几乎在项目申请中出现的所有的不端行为，其出发点都是试图通过"美化"自己，来增加申请的成功率。下面是在项目申请中容易出现的不端行为。

1）美化自己的履历

一些资助项目对申请人的学历、职称有一定的限定要求。于是，某些不符合要求或者为了进一步彰显自己的人为了获得资助，就采取了"拔高"自己的学历、职称的做法。当审查机制存在一定纰漏，他们可能会一时得逞。但是，从国内资助机构历年查处的不端行为案例来看，此类行为也非常容易被揭发和查实，而且对其所做出的惩处也非常严厉。无论出于什么目的，一旦发生这种事情，无疑会极大影响当事人的学术声誉。

2）夸大自己已有的相关工作

虽然申请人不是不可以申请一个自己相对较少涉足、积累还比较少的领域/方向的研究项目，但是项目评审人和资助机构一般都希望申请人能够在所申请项目的领域有一定的积累，而且积累得越深厚越好，这种积累可以以发表的论文、专著或者参与的项目研究等来显示。但是，这并不是很容易做到的。即使是在一个研究领域/方向上工作很久，也不意味着就能积累很多成果，特别是非常优秀的成果。于是，一些人就试图通过伪造已有相关研究经历的手段，增加申请获得通过的机会。下面就是一个这方面的案例。

情景案例3.6

刘某是某大学地球与空间科学学院的青年教师。他的专业方向为遥感信息分析与处理。

最近，刘某在申请一项基金项目，选题为"某某区块海岛、海岸带遥感调查"。海岛、海岸带遥感调查是他最近非常感兴趣的研究方向。在完成申请书之后，刘某将申请书送给学院的一位资深教授吴老师，请他指点。

吴老师认真看过申请书后认为申请书写得不错，某某区块以前几乎没有被关注过，也没有人做过系统的调查，申请书的选题很有意义。他觉得刘某可以申请。但是刘某在"申请人已有研究基础"中只列出自己两篇已经发表的论文，显得有些薄弱，而且这两篇论文与海岛、海岸带遥感调查并不直接相关，本身也不是非常有分量的论文。

几天后，刘某决定正式提交申请。但是他心里仍然比较担心自己已有相关研究比较薄弱的问题。经过反复考虑，刘某打算做点"补充"。他想起自己在读博士期间，曾经参与导师有关另外一个区块海岸带遥感调查与分析的课题的前期资料收集工作，虽然当时自己的名字并不在课题组名单内，但是自己的的确确参与了实际工作，所以将这个项目列入申请书应该没有问题。此外，他又想起自己前段时间投出去的两篇关于海岛遥感调查方法的论文，虽然现在还没有收到录用通知，但是这两篇文章都是自己精心撰写的，文章质量很不错，投稿之前也请一些同事帮忙斟酌过，他相信应该能够被杂志接收。于是，他决定先将这两篇文章作为已被杂志接收论文列入申请书，估计到申请评审或审批的时候，文章也差不多已经被接收了。

在情景案例 3.6 中，实际参与了项目研究但未被列入课题组名单的情况，在科研工作中并不少见。那么在写自己的研究背景时，可不可以把它当作自己的研究经历呢？对此，目前并没有确定的说法。但是当事人仍应该实事求是，将具体情况表述清楚。此外，案例中的刘某将自己已投稿但未被接收的论文列入已有工作清单中，显然是在夸大自己的研究经历。这是一种错误的做法。

3）夸大自己计划进行的研究工作的意义

研究工作的意义集中体现于创新性和能否解决实际问题上。为了说服评审人，申请者需要从不同角度说明自己将要进行的研究工作的意义。当然了，如果研究工作能够开创新的领域、设计新的方法、填补某些研究空白，自然能够吸引评审人的眼球，但是如果仅仅为了达到此目的而进行虚构、捏造，就另当别论了。

夸大研究工作的意义，可能是有意的，也可能是无意的。比如，在对前人的研究或当前的研究水平缺乏充分了解的情况下，声称"还没有类似研究"或"开创国内外先河"等，就是一种有失水准和不负责任的行为。故意忽略他人已有的研究，从而凸显自己研究的意义，则是一种严重的欺骗行为。

4）美化自己的研究计划

一份好的研究计划应当既实事求是又具有创新性。如果随意地设计自己的研究内容、研究方法，而在实际中却无法实施，则是一种失误。为获得项目资助或得到经费而一味地夸大项目拟解决的问题、预期的研究成果，到研究结束时却没有实现，则是一种欺骗行为。

除了上述四种行为之外，项目申请中还包括了其他一些不端行为，如重复申请，伪造实际不存在的课题组成员的名字，未经许可擅自将他人列入自己的课题组名单等。

很多机构都有关于项目申请中注意事项的指南，如美国医学科学院、美国科学三院国家科研委员会关于项目申请的建议，可以仔细阅读参考。

美国医学科学院、美国科学三院国家科研委员会关于项目申请的建议[①]

研究人员应该诚实地表述立项申请和资料，并在书面和口头报告中对其工作要尽自己的了解予以客观的介绍。此类报告中对个人工作的陈述，通常是其工作中从着重于理论问题的框架中梳理出的选择资料，而不是一本有关发现过程的流水账。然而，这些陈述必须基于明晰和精确的研究记录。面对同行的质疑，研究人员必须为其研究结论辩护，但也必须承认错误。

研究项目申请及研究成果报告中对自己贡献的准确表述，需要分"功"明确。研究人员不应该把别人的工作当成自己的工作那样来报告，否则便构成剽窃。此外，他们还得诚实地对待同事和合作者的贡献。有关论文署名顺序的决定最好在项目启动前而不是完成后再考虑。在出版物中原则上应该有可能阐明每一个作者的具体贡献。研究人员也应该诚实地鸣谢其研究课题所基于的前人成果。

◆◆ 3.3　研究资源的使用

在科学研究中，研究资源对于科学研究的重要性已经毋庸置疑。那么，研究资源到底有哪些呢？从狭义上讲，主要包括经费、设备、材料、数据资料等；从广义上讲，研究资源还包括研究工作时间、人力资源、期刊，甚至还包括个人名望、机构声誉、人际关系网络等。在科研工作中，只有有效地调动、分配和使用这些资源，才能推动研究的顺利开展。而一旦缺少研究资源或者使用不慎，将直接妨碍研究工作的开展，甚至产生不端行为。

一些简单的不端行为是比较容易被发现的，如故意毁坏或扣压他人研究活动中必需的仪器、设备、材料，干扰和妨碍他人的研究活动。而随着信息网络技术的发展，研究资源使用中还有一些需要特别注意的问题，如

---

① 美国医学科学院，美国科学三院国家科研委员会.科研道德——倡导负责行为.苗德岁译.北京：北京大学出版社，2007：45.

不使用盗版软件，在开源软件基础上进行的研究和开发应遵守相应的协议，对从网络上搜集来的大数据进行处理的过程中要注意保护用户隐私等。

3.3.1 数据共享与使用

通过实验、调查等获得的数据是科学研究的成果之一，同时也是宝贵的研究资源。数据对于科研人员来说，来之不易、非常珍贵，但无论是从促进交流的角度，还是从推动科学发展的角度来说，数据共享都是极为重要的。

在数据共享中，研究人员应当遵守一些基本的规范和特别的约定。比如，不能随意对外泄露或者擅自使用实验中获取的数据；在使用实验数据进行分析前必须尊重和保护数据获得者及提供者的利益，保障其隐私权，保护机密和专有数据；若需接触和使用他人未公开发表的数据，必须提前征得数据所有者的同意；对准备公开发表的数据，应对其安全性进行考察，不能随意发表存在安全风险的数据；等等。

对于一个由多个研究人员参与的课题/项目，在研究过程中参与者间充分的数据共享，对于保障合作研究的成功是非常重要的。但是，这并不意味着所有参与者具有相同的数据使用权。也就是说，不同的参与者实际上所拥有的数据使用权限是不同的。了解这一点非常重要，因为它通常会导致违规行为。

当然，研究人员在使用数据之前就相关事项达成预先协议，对数据的使用权限做出具体约定，这是一种避免日后在数据使用方面出现纠纷的好办法，已经成为当前国际科研领域的通行做法。下面是一个数据共享方面的情景案例。

情景案例 3.7

吴某是 A 研究所的资深研究人员，他刚刚在国外某期刊上发表了一篇论文，其内容是自己的新近研究成果。该论文在同行中引起了广泛的讨论。

江某是 B 研究所的研究人员。他看了吴某的论文后很受启发，认为对解决自己目前面临的研究瓶颈很有帮助。他主动联系了吴某，想邀请吴某一起参与自己的研究工作。吴某对江某的工作也非常感兴趣，于是欣然答应。

经过一段时间的实验以后，吴某和江某的研究很快取得进展，获得了一组很好的数据。这时，吴某恰好要短期出国访问 3 个月。于是他与江某约定等他回来之后继续实验工作。

3 个月后，吴某在国外的工作仍没有结束，还需要延长 4 个月时间。他将这一情况告知江某，江某当即表示，这个研究工作有很强的时效性，所以不能等他回来再继续实验。但吴某觉得自己前期付出了很多努力，希望能够继续跟进实验。二人始终无法达成一致意见。最终江某决定自己一个人继续实验。

3 个月以后，江某完成了阶段性实验。他利用实验获得的数据撰写了论文，准备投稿。吴某知道了此事，对江某的做法提出了异议。他认为自己应该与江某共享前期实验获得的数据，而且认为江某可以等自己回来再继续实验，提出等到取得更好的结果时再写论文。江某不同意吴某的提议，于是二人终止了合作，但是如何处理前期合作取得的那一组实验数据仍是一个问题。

数据共享已经成为科研活动中越来越常见的方式。研究人员之间共享数据会给研究工作带来很多好处，但同时也存在很多风险。在这个案例中，吴某和江某如果在一开始合作的时候，就约定了数据的归属问题，那么当合作关系因为各种原因暂停时，问题也会变简单很多。

除了一般的实验数据之外，还有一些数据的共享问题需要特别注意，如以人或动物作为被试的实验所获得的数据，涉及危险的材料与生物制剂的实验所获得的数据等。在共享这些类型的数据时，需要获得相关的授权许可。

3.3.2　仪器和设备

大型科学仪器、设备是支撑科研的基础条件，是技术创新和产业升级的"助推器"。一些大型的仪器、设备价值不菲，对很多科研人员来说是"不易得的"研究资源。因此，共享仪器、设备对实现科技资源共享和优化配置非常重要。

然而因为所有权、使用时间、使用费用、维护等因素，仪器、设备的共享存在很多问题。下面就是一个这方面的案例。

情景案例 3.8

秦某是某实验室的主任，多年来一直从事细胞增殖与分化研究。近年来，他承担了多项重大科研项目，他的实验室使用项目经费购置了多种国内为数不多的某大型仪器。

因为仪器资源稀缺，国内一些大学的研究人员经常申请到秦某的实验室使用仪器，进行实验。这些研究人员通常都是秦某已经毕业了的学生、经常联络的朋友、或者经熟人介绍而来的同行。一般情况下，只要实验室仪器有使用空档，秦某都会允许这些研究人员使用，而且不收取费用。

几年下来，这些研究人员使用秦某实验室的仪器进行了多项实验，也获得了一系列很好的数据。他们根据这些数据撰写论文的时候，通常都会请秦某审阅自己的论文，并将秦某列为作者之一，以表示对秦某提供仪器的感谢。秦某一般并不仔细审阅这些论文，很少对论文提出意见，也默认共同署名的做法。

这些研究人员在申请各类项目时，为了表示对提供仪器的感谢，也经常会将秦某列为课题组成员，写明秦某独自承担一项子课题研究，直接给秦某划拨部分研究经费。但在实际的项目运作中，秦某只是提供仪器，几乎从不参加这些研究人员的项目研究工作。

情景案例 3.8 中的情况在科研领域并不罕见。虽然在资源稀缺的情况下，能够共享资源是很多人的期望，但如何共享，以及该如何支付"报酬"，仍然是一个值得注意的问题。

在情景案例 3.8 中，秦某虽然进行了共享，但却完全是在私人关系范围之内进行的，并没有形成共享的机制，由此导致"报酬"问题。因为介于各种私人关系而使用他人的仪器设备，常常让使用者产生"亏欠感"，让出借方产生"恩赐感"。基于这样一种心理，各种补偿行为和收受行为就很容易出现了，如让仪器的出借方在自己的论文中挂名，给予出借方一些经济利益，在相关评审活动中给出偏向性意见等。在情景案例 3.8 中，那些使用了仪器的人，有时直接给秦某划拨部分经费，这种做法是有问题的。如果在项目申请和执行时没有明确说明这一项仪器设备使用费用的开支，那么实际上就是经费的不当使用。

为了从根本上杜绝这种现象，有必要建立健全大型仪器共享平台和机制。目前我国一些省（直辖市）已出台的相关政策值得关注。例如，2007年上海市出台的《上海市促进大型科学仪器设施共享规定》。这是我国首部促进大型科学仪器设施共享的地方性法规。该政策明确了共享的目的、对象与范围及部门职责与分工、共享机制、相关主体的权利和义务、法律责任等。

3.3.3　研究时间

一个研究人员无论多么勤奋、工作效率多么高，他的工作时间总是有限的。因此，许多立项单位对项目申请者、参与者用于一个项目研究的工作时间都有比较明确的要求。科研人员在项目申请时和研究实施过程中，都应当考虑和处理好自己工作时间的分配问题。下面是一个这方面的案例。

情景案例 3.9

刘某是某物理研究所的研究人员。他的研究方向是实验物理技术，因此经常与他人合作研究，而且他性格随和，容易与人相处，单位很多同事在有关实验技术的研究和操作方面，也都很愿意与他合作。

最近，刘某在申请一个基金项目。这是一个预计需要 3 年时间完成的研究项目。在提交申请书以后，同事陈某来找他。陈某也在申请一个基金项目，他希望刘某能够负责他的项目中的实验技术开发部分。刘某经过考虑，觉得即使两个项目都能够申请成功，他也还是有时间来同步完成的。于是，他答应了陈某。

3 个月以后，基金项目评审结果公布，刘某申请的项目和陈某申请的项目都获得了资助，他们非常高兴。

过了两天，张某来找刘某。张某是研究所的老研究员，也是刘某研究生时期的导师。张某想让刘某参加他所申请的部委的一个项目，负责实验技术开发的子课题。刘某感到非常为难，因为张某的这个项目非常庞大，如果参加，那么他显然没有足够的时间来完成自己和陈某的研究项目，而自己和陈某的项目都是有明确的工作时间要求的。但考虑到张某是自己的导师，自己不好意思拒绝参加。最后，刘某还是同意参加了张某的项目，并且作为项目的主要参与人，在项目申请书上承诺参与该项目的时间占自己工作时间的 50%。

在这个案例中，刘某在参加陈某的项目时，认真地考虑了工作时间的问题。但在参与张某的项目时，他明知工作时间不够分配，却碍于情面还是参加了，并在申请书上做了书面承诺。这是一种不负责任的做法，是错误的。

时间是科学研究不可或缺的资源，然而却常常被忽视或者轻视，并由此导致申请书中的"挂名"现象泛滥，进而对研究项目实施进程产生不利影响。尽管申请书中有关工作时间的设定并不一定与实际执行情况完全相符，但是这种设定是对研究人员工作量的一个总的平衡。虽然资助机构很难实际掌控研究人员的工作时间，但如果研究人员总是保持这种"超负荷"的工作状态，最终势必会影响科研质量。

◆◆ 3.4 合作研究

合作研究是推动科学发现的关键因素。随着现代科学研究的对象和内容日趋复杂，相关的学科专业日趋细分，为了整合研究资源，增进研究效率，合作研究已不仅仅出现在同一专业领域的不同研究群体之间，还出现在不同领域、不同区域的研究群体之间，跨学科、跨机构、跨国界的合作已经日益成为实施科研项目的重要形式。与此同时，随着科学技术与社会的互动影响越来越显著，产业界和科学界的合作也表现出了规模和数量上日渐增长的态势。

科研机构或科研人员之间的合作形式，涉及共同申请项目，共同进行实验，联合开展调查，共同发表成果，联合培养学生，共享科研设备、信息资源和科研成果等。在达成合作意向之初就确定合作者各自的权利与职责，明确在合作过程中的参与规范是相当必要的。

3.4.1 学术合作

现代科研领域中，科学呈现出专业细分的趋势。与此同时，多学科交叉及不同学科间的碰撞带来的新思想与新方法，使学科间的交叉领域成了科学研究新的增长点。在这个背景下，学术合作成为推进学术繁荣发展的动力源泉。学术合作主要表现为不同学科或学科领域间的合作，但是，这种不同或多学科间的跨文化交流与合作，会因为在价值观、方法论，以及日常行为习惯等方面存在差异，而对不同学科间的研究合作产生影响。

为了促进富有成效的研究合作，科研机构或科研人员在合作过程中，应当遵守如下规范。

首先，遵守相关研究领域、研究机构或资助机构对于学术合作的规定或惯例，并以此为基础，在合作活动开始之前就达成和签订合作协议，阐明合作目标、不同参与者的具体职责、合作伙伴间的利益分配方式等。研究人员在合作过程中，应当严格遵守合作协议中的条款规定。

其次，合作者之间需要始终秉持相互尊重的原则，营造彼此信任的合作氛围。这意味着项目参与者必须尊重合作伙伴的学术立场、研究方式和价值标准，尊重合作伙伴在项目进行过程中做出的思想和研究贡献。当合作伙伴率先获得科学发现时，应当尊重和承认其科学发现的优先权。当合作伙伴出现失误时，也应当宽容对待，及时给出建设性的评论意见。

再次，合作者之间需要保持持续、坦率和有效的沟通。这就要求研究人员在合作过程中，全面、准确、坦诚地向合作伙伴报告自己的研究进展，使每位参与者都能够同等程度地理解和掌握相关信息；及时向合作伙伴提出和讨论研究中出现的问题，坦诚地接受他人提出的建设性意见和质疑，对合作伙伴的问题尽早做出实事求是的答复。一旦其中的主要研究人员、研究方向等发生变动，应及时向合作伙伴通报，使参与各方对合作进展具有同样的把握。

最后，合作各方应当以促进研究进展、实现项目预期目标为宗旨。为此应避免如下的一些不合乎诚信规范的行为：在研究讨论中提出的个人意见、建议等不是立足于学术的角度；将合作过程中已经取得但尚未发表的研究成果，擅自应用到自己的研究中，或泄露给合作伙伴之外的人；出于自身的功利考虑，对合作伙伴、项目资助方或社会公众蓄意隐瞒与社会安全有关的重要信息；以学术合作为名，利用合作项目的资源，开展与学术研究无关的其他活动。

3.4.2 产学研合作

伴随着科研成果转化和社会应用速度的不断加快，由应用驱动的科学研究也已成为推动科技科学技术发展的重要动力。在这种情形下，越来越多的科学问题的选择和解决开始围绕着特定的应用背景展开，科学研究的目的不仅是要生产知识，更是要解决具有经济和社会目标的科学问题。由此，科研教学机构与产业界之间的合作成了当前科学研究的重要形式。产学研合作也使得研究人员不得不面对着更为复杂的、或明或暗的利益冲突，并对他们一向秉持的研究伦理提出了新的挑战。参与到产学研合作项目中的研究人员，需要在合作过程中特别注意以下几点。

首先，与产业界的所有合作，几乎都需要首先订立一份正式的项目合同，合同应当对需要做什么、由谁来做，以及什么时候完成等具体事项做出明确规定。在这类合同当中，科研成果的归属可能是签订各方主要的关注点所在。在通常情况下，如果研究经费主要来源于参与企业，那么企业有权享有相应的科研成果，或是对研究成果具有排他性的优先使用权。研究人员在发表从产学合作项目中得到的成果时，可能需要得到合作伙伴的授权。

其次，承担产学研合作项目的研究人员，有时还包括参与企业咨询事务的研究人员，往往需要同企业签署一份保密协定，以要求他们避免在合作范围以外谈论有关企业的专有信息（例如，他们在研究过程中可能接触到的企业发展规划、经营策略、技术数据、商业机密等）。研究人员负有为企业相关信息保密的责任，不能利用企业的机密信息来谋取私人利益。

最后，产业界对于产学研合作项目，往往有着明确的规程要求。例如，必须认真保存实验数据，研究结果要经由同行专家进行严格的评审等，这类规程有助于预防数据篡改和伪造行为。参与其中的研究人员需要严格遵守合作企业在研究规范上的规定和要求。

科技界有许多人士担忧，对于产学研合作项目的过度关注，可能会侵蚀科研机构自身的学术传承和教育责任。导师们或许会以这类项目代替必要的科研训练，从而弱化了对学生求知欲和创新精神的培养，导致学生们缺乏坚实的科研基础。另外，过度侧重面向应用需求的产学研合作项目，也会使得学生和青年研究人员更倾向于完成短期目标，将研究策略专注于对问题的适度解答和知识的适度扩展，而不是系统求解可能带来的重大科学进展的全新问题。这一现象应当引起科研人员的重视，产学研合作项目的顺利完成，不应以损害科研机构的教育责任为代价。

产学研合作关系的日益紧密，也使得合作中的利益冲突问题不断凸显出来。合作各方作为不同的利益主体，在价值标准和利益取向上存在显著的差异，在合作过程中表现出来的学院科学与产业科学的规范冲突往往难以避免。对于科研人员来说，参与产学研合作也会使其承担起更重的社会角色，使他们要为多种利益而从事科学活动，但这些利益在很多时候又是相互冲突的。利益冲突的存在，对科研人员的职业判断、合作项目的实施进展等通常会带来潜在或显在的不利影响，特别是在科研成果的转化和推广过程中，利益冲突有时会导致其中一方的利益受到严重损害。为了控制利益冲突，大多研究机构和高等院校都已设立了利益冲突委员会或具有类似职能的机构，制定了相应的政策措施，对产学研合作中的利益冲突问题进行咨询和管理。

情景案例 3.10

孙某是国内某知名大学的遗传血液病治疗专家，一直致力于地中海贫血症的实验药物 N 的研究。该大学与 M 医药公司签署了资助研究合同。根据合同，孙某的研究组负责实施药物 N 的临床实验研究，将新药 N 与传统药物 T 进行对照；M 公司负责提供资助，并进行随后的市场化，替代目前传统药物对于地中海贫血症的治疗。合同要求"所有有关 N 实验的信息，从实验开始到结束一年之后，研究人员和机构都应当保密，未经 M 公司同意，不得以任何形式向第三方公开。公司将以法律手段追究任何破坏数据保密的行为"。

此后研究顺利开展，直到某天，孙某发现新药 N 存在潜在风险，包括缺乏持久有效性，以及在临床实验中的不稳定性和副作用的出现概率增加。顾及与 M 公司的资助关系和双方协议，孙某向 M 公司通报了 N 存在风险的数据，M 公司立即组织本企业药物专家对数据和结论进行了分析，但得出了截然不同的观点。在公司无法和孙某达成一致的情况下，公司中止了与孙某的资助合同。

面对这一情况，孙某并没有向所在大学研究伦理委员会报告，提出重新检验在研药物数据的申诉，而是出于愤慨，将药物 N 存在风险的实验数据整理后发表在了某专业期刊上。最终，M 公司将孙某告上法庭。

孙某发现在研药物存在风险并及时向 M 公司通报的行为是正当的和负责任的。但在与 M 公司出现冲突后，他的处置方式并不妥当。孙某擅自公开实验数据的行为，违背了合同规定，破坏了合作关系。

一般情况下，当与合作企业难以达成一致意见时，合理的处置方式应该是，首先向所在学校的研究伦理委员会或具有类似职能的机构，如利益冲突委员会寻求帮助，通过相关机构等渠道与合作企业进行磋商，围绕新药研发的风险问题，努力形成合作双方都可以接受的解决方案。在上述案例中，只有当孙某认定数据确实存在风险而又得不到应有的支持时，采取更为恰当的方式向社会公开才是必要的和正当的。

3.4.3 国际合作

全面开展国际科技合作，已经成为各国政府和研究机构的基本策略。随着国际科技合作的大幅增加，参与者对合作研究中的诚信规范，对不端行为的处理程序的需求日益迫切。从国际合作的具体形式和内容来看，参与其中的研究人员和科研机构需要注意以下几点。

如果研究合作始于某个研究机构或某位研究人员的主动邀请，如邀请国外同事或学生参与邀请方的研究项目，那么受邀者在合作过程中应当自觉遵守邀请方既有的诚信规范。并且，邀请方有责任将相关规定和注意事项提前详细地告知受邀者，受邀者需要对相关规定表示认同。

如果研究合作始于两个或多个研究群体的共同决定，那么在合作之前就相关研究事项达成共识就特别重要了。由于合作伙伴身处不同的文化传统和社会惯例中，往往在某些具体合作事项上会有潜在的冲突。为此，合作伙伴之间应该进行必要的商讨，在综合权衡各方意见，尊重参与方所在国家的法律规章和社会文化的基础上，形成一致的看法。在合作过程中出现的违背约定规则的行为，应当引起合作各方的关注，并及时根据共同约定的标准和程序进行调查和处理。

如果研究合作始于国际组织协调开展的大规模项目，不同的研究团队之间在研究规范和处理程序上的分歧可能更为突出。这种情形下，参与合作的研究人员与科研机构，不仅要形成有关规范做法的共同约定，同时还要关注提供经费的国际组织，在科研诚信方面有无专门规定，以及是否存在适用于项目研究内容的国际性规范文件，并切实遵守。

◆◆ 3.5 科研成果的撰写与发表

撰写并发表科研成果是科研活动期的一个非常重要的环节，已经成为科学研究的重要组成部分。撰写论文的宗旨是公开科学研究的过程和成果，以供同行和后人检验、比较、参考或引证，同时通过文字、图表等的书面陈述，可以实现与同行的沟通和新知识的传播。此外，论文也具有记载价值。就科研人员而言，在各种研究活动结束之后，通过论文记录研究过程、所获结果和所得结论，也是对过去经验的总结和积累。花费了大量时间和精力做出的研究成果，如果没有撰写成论文，通过会议或者学术期刊等形式发表出来，那么在一定程度上就等于做了"无用功"。因此，撰写与发表科研成果对科研人员来说至关重要。

但是，科研成果的撰写与发表也是最常发生不端行为的地方。在我们所听到的各种科研不端行为中，诸如剽窃、伪造、篡改、不当署名、一稿多投等成果撰写和发表过程中的不端行为无疑是最多的。当然，这也是因为这些不端行为相对而言比较显性，比较容易被发现并受到关注。

3.5.1 撰稿

很多人认为，实验工作才是研究的主体，论文撰写是所有研究工作完成之后要做的事情，不需要太早予以考虑。其实，这种看法并不确切。实际上，从一开始接手和进入研究工作，就需要考虑如何撰写学术论文的事情了，否则可能会花费许多无谓的时间与精力。

一篇好的论文除了其研究内容本身应当具有学术价值外，还要求要有好的组织架构。以自然科学期刊论文为例，它的格式历经百年以来的蜕变，已逐渐形成了由四部分组成的主体结构，一般包括：前言、材料与方法、实验结果、结论。各部分分别代表研究背景、所用方法、所得结果和研究发现。

此外，学术论文还有基本的写作规范。虽然撰写学术论文是研究人员最基本的工作，而且从学生时代起，就受到关于如何撰写论文的基本训练。但是，论文撰写过程中的一些问题，如引用不当、篡改图像等，仍时有发生。

学术论文撰写过程中的不端行为，主要包括剽窃、伪造、篡改等。剽窃是指直接将他人或已存在的思想、观点、数据、图像、研究方法、文字表述等，不加引注或说明，以自己的名义发表，或过度引用他人已发表文献的内容。伪造是指编造或虚构数据或事实。而篡改是指故意改变数据和事实，使其失去真实性。

以学术期刊论文为例，剽窃的内容包括未发表的成果、观点、数据、图像、研究方法、文字表述等。剽窃的对象，可以是他人的成果，也可以是自己的成果，即自我剽窃（self-plagiarism），这是一种作者在不做任何说明的情况下在新论文中大量使用自己已经发表文献中的内容的行为。而剽窃的量也可大可小，既可能只剽窃了几句话、一组数据、一个图，也可能是大量的，即使用他人已发表论文的全部或大部分内容。但是判断剽窃的依据，并不是剽窃量的多或少，而是剽窃的手段和内容。

之所以出现剽窃行为，很多是作者故意为之的，但另一些则是由于作者不了解论文写作规范而导致的。可以通过下面的情景案例来进一步了解。

情景案例 3.11

张某去年做了一系列实验，获得了非常好的实验数据结果。他据此撰写了一篇论文，投给本领域内的一份重要的外文期刊。

之后，张某对研究中的算法做了改进，又做了一系列实验。他打算再写一篇论文投稿。与上一篇论文相比，这篇论文中的算法部分虽然有所不同，但前面的引言和综述部分的内容则基本相同。由于论文引言和综述部分的内容较多，上一篇论文中的这一部分内容就占据了3页。张某心想，重写一遍核心内容基本相似的东西太麻烦，而且自己也实在写不出什么新意，与其在这上面花费时间，不如多花点时间写好论文后面有关实验和结果的部分，毕竟这部分才是整个论文的核心。而且反正两篇文章都是自己写的，不会有什么问题。

于是，在新的论文中，张某基本照抄了上一篇论文的引言和综述部分，之后重新论述了依据改进新算法做的实验及取得的结果。写完以后，他将论文投给领域内另一份重要的外文期刊。

张某的做法妥当吗？两篇文章的引言、综述部分雷同，似乎是比较常见的现象。但是我们仍需对此进行区分。在一般的科学论文中，第一、二段常常要综述前人成果。多个人综述同一个成果，的确比较容易出现雷同。但是内容雷同和文字表述雷同是不同的。如果在综述别人研究的基础上加上自己的评论和见解，并且结合自己的研究，那么一般引言或综述是不会出现文字表述上雷同情况的。

出现文字表述上的雷同，主要有两种情况：一是照抄自己已经发表文献中的表述；二是照搬别人的表述。在情景案例 3.11 中，张某的做法就属于第一种情况。这虽与传统意义上所认为的直接引用他人的文献而不注明的剽窃行为不同，但仍然是一种有问题的做法。它常被称为"自我剽窃"，或者"重复发表"。前者更多地是指较少量地使用自己已发表的文献而不注明的行为，而后者则更多地是指大量使用自己已发表的文献而不注明的行为。

而照搬别人表述的情况也不少见，它多是由作者的侥幸心理造成的。比如，作者 A 在撰写论文时，通过查阅文献，发现作者 B 的一篇论文的研究方向与自己相似，其综述部分完全适用于自己的论文，因此直接套用了作者 B 的表述。还有一种做法看似随意而为，但也不符合论文写作规范。比如，作者 C 发表了论文，作者 D 在写论文时评述了 C，作者 E 同意 D 的观点，就在自己的论文综述中照抄了其中的几句或一小段，但并没有注明是引用了作者 D 的论文。

除了剽窃问题，撰写论文在引用他人文献时还需要特别注意，所引用文献必须是作者阅读过的，不应为了让论文看起来像是参考了很多资料的样子，而自行加入很多实际并未查阅过的文献。另外，在文献的选择上，也需要有适当的考虑。一般来说，最常引用的是最容易取得的期刊论文，其次是书籍、会议刊物、学位论文等。因为这些文献对于读者来说同样也是最容易取得的，这样有利于读者按图索骥来查找资料。而已经绝版且不易取得的文献，一些正付印中、准备中、未发表的资料或是讲义、私人通信等，一般较少被引用。

除了引用不当、剽窃等论文撰写中的常见问题外，伪造、篡改数据、图像等不端行为也不少见。学术期刊论文中的伪造常有很多形式，如编造数据、图像、样品等，或者编造研究方法、结论、研究资料、参考文献、资助来源等。

学术期刊论文中篡改的对象既可能是原始调查或实验数据，也可能是原始文字记录等。篡改的手段包括挑选、删减数据，拼接、模糊、增强、删除、添加部分图像，修改文字和歪曲原意等。无论对象如何、手段如何，篡改的实质都是让数据、图像、文字等的本意发生改变，而其目的则往往是通过改变其本意而对自己有利。

下面是一个篡改实验数据方面的情景案例。

情景案例 3.12

陈某是某医学院研究人员。他的研究聚焦于脑瘤治疗的新方法——使用一种激动剂帮助药物越过血脑屏障到达肿瘤。

两年前，陈某申请到了一项基金课题。现在距离结题时间还余下 6 个月。在课题任务书中，陈某计划发表 4 篇论文。但是到目前为止，他只发表 3 篇论文。最近，这项课题研究取得了一些进展，但是有一组数据不太理想，需要重新安排实验。

时间紧迫，陈某打算一边开始起草论文，一边进行实验，等待这组数据出来。一个月以后，陈某获得了新的实验数据。但是这组数据仍然不理想，对他所研究的治疗脑瘤的新方法的支撑不够。

陈某想起原先已发表的一篇论文中的数据，获取这组数据的实验与目前这个实验所用试剂和剂量有差别，但是实验目的仍是一致的。为了尽快撰文发表，陈某打算依据旧实验中的数据，将新的实验数据进行一些修订，作为新获得的数据发表。

情景案例 3.12 中的这种篡改实验数据的行为，在各类媒体、科研资助机构揭露的科研不端行为中并不少见。虽然很多人都知道，实验数据的真实性是其科学性的根本，但是出于各种各样的理由，篡改数据的案例仍层出不穷。经过篡改的数据，虽然很难从直观上判断其真伪，不像剽窃那样容易被发现，但是可检验性、可重复实验是判断数据真实性的重要依据。因此，只要重新检验，经过篡改的数据最终都能被发现。

3.5.2　署名

论文的署名是一个很重要的问题。在论文中署名，一是分享荣誉，二是承担责任。随着大科学时代的到来，一项科学研究往往不是一个人所能够完成的，诸如脑科学、人类基因组学、全球气候变化等领域的研究，常常需要科学家之间、学术团体之间、国内外科学家之间的合作才能完成。作为合作研究的成果体现的论文，其署名问题也越来越复杂。科研人员不得不应对很多有关署名的问题：谁才有资格署名？不同的作者该如何排名？作者应承担哪些责任？等等。

1）署名资格

目前，还没有关于科学研究著作和论文中的署名问题的统一规范，但是一些重要学术机构和学术团体仍给出了基本的规则，如美国科研诚信办公室在介绍负责任研究行为时，对这种"名誉"署名有明确的说明。

美国科研诚信办公室关于署名的说明[①]

"名誉"署名，指把并不具备作者资格的人列为论文作者的做法。人们已对名誉作者现象进行了广泛谴责，有些机构甚至将其中的某些极端情况，视为研究中的一种不端行为。……这些研究人员之所以被列在出版物中，是因为他们：

- 是进行该研究所在系的主任或项目的主管；
- 为该研究提供了资金资助；
- 是该领域的领军人物；
- 为研究提供试验材料；
- 是主要作者的导师。

处于这些位置的人，可能对论文做出了重要贡献（如上所述），应该受到承认。但是，如果他们仅仅做出了上述贡献，还不应该列为作者。

情景案例3.13

陆某是某生物系一名博士二年级研究生。他的导师陈教授主持的实验室正在主攻植物器官衰老的激素调控机理研究。实验室除了陈教授和他之外，还有1名副教授、2名讲师、2名博士后、3名博士研究生、4名硕士研究生

---

① Steneck N H. 科研伦理入门——ORI 介绍负责任研究行为. 曹南燕等译. 北京：清华大学出版社，2005：130-132.

和 3 名本科生，共计 17 人。

最近，陆某在自己的博士论文研究上取得了不错的进展，确定了新的研究思路和研究方法。他和另一名硕士研究生刘某一起做的实验也获得了一组很理想的数据。陆某与陈教授进行了讨论，陈教授肯定了他的工作，让他据此写一篇论文，投给某期刊。

论文完成以后，陆某与刘某进行了认真的讨论。在听取了刘某的意见后，陆某又做了一些改进，然后将论文发给陈教授审核。陈教授对论文的综述、实验方法描述、结论部分提出了一些修改意见。陆某修改以后，再次将论文发给陈教授。

陈教授认为论文已经可以投稿，建议陆某和实验室另外一名博士研究生张某为共同第一作者，外单位的徐某和秦某为第二作者和第三作者，刘某署第四作者，而他则为通讯作者。陈教授向陆某解释了他之所以这么安排的原因：张某马上就要毕业，但是手头论文的数量和所发期刊的影响因子还没有达到系里的要求，现在急需一篇文章；徐某是这篇论文支撑课题的合作者；秦某则在他自己的另外一项研究中提供了非常重要的仪器支持。

陆某虽然心里不愿意，但是仍表示可以理解这样的安排。回去以后，陆某告诉了刘某这个安排，刘某当即表示自己无法接受这个安排。

情景案例 3.13 中所述的情况在现实中并不少见。不具有署名资格的人在论文中署名，是目前学术圈内广受诟病的问题。出现这种情况，一部分原因是出于对规范的不了解，另一部分则是出于各种利益关系或者其他关系的考虑。下面是现在比较常见的一些在论文中"挂名"的做法：

第一，团体挂名。只要是一个实验室或者一个研究团队的成员，不管对论文有无贡献，每个成员都在论文上署名，从而增加每个成员所发表论文的数量。

第二，借"光"挂名。为了增加论文发表机会，在没有征求当事人的同意的情况下，擅自署上领域内著名学者的名字。

第三，相互挂名。相互在自己没有任何贡献的论文上挂名，以增加每个人所发表论文的数量。

第四，强制挂名。有些项目负责人、实验室领导、导师明确要求实验室所有的论文都要署上自己的名字。

第五，回报挂名。为了感谢别人给自己的研究提供材料、设备，而让他在没有做出实际贡献的论文上挂名。

此外，导师在学生的论文中署名的问题，也很受关注。导师一般在学生确定方向、凝练思路、开展研究、撰写论文时，都会给予一定的指导。但是，这种指导对某一篇论文的形成到底有多少贡献，导师是否有署名的资格，则应视导师对一篇论文的实际贡献而定。反过来，学生也必须尊重导师的贡献，不能将导师对自己的指导视为理所当然，而忽视导师对论文的贡献，并在自己的论文中否定导师的贡献。

除了"挂名"的现象以外，另一种现象是"遗漏"，即本应有署名权的人被排除出了作者名单。无论是出于什么原因，隐瞒、忽视某些人的贡献，将应当署名的人排除出去，这不仅是对他人贡献的否认，而且是涉及了著作权的法律问题。

2）作者排名

除了署名资格外，情景案例 3.13 中还涉及了论文作者的排名问题。

如果从研究构想的产生、整个实验的规划、实验的进行、数据的取得、实验结果的讨论与分析，到论文的撰写和修改，都是由一个人完成的，那么这个人无疑是唯一的作者。但是今天的科学研究常常是团队合作完成的，一个研究可能是几个人、几个实验室、几个研究机构合作的成果。因此，论文作者署名和排名也越来越复杂。

作者排名主要是依据合作者对本论文的实际贡献大小来执行的。按照惯例，一般实验的实施者和论文的执笔者，自然是论文的第一作者。其他人则按照实际贡献的大小来排名。当然，有一些学科的论文排名是按照字母排列顺序进行的。但实际上，很多时候我们很难将不同人对一篇论文的贡献大小进行量化，从而排出个先后顺序。因此，合作者常常需要在实验开始前，就讨论好论文作者的署名顺序。预先说明署名的原则和相关安排，可以避免以后产生一些不必要的纠纷。

但是，在实际操作中，正如情景案例 3.13 中所展示的，作者排名往往受到各种非客观的因素影响，从而导致作者排名并不反映每个人真实的贡献。即使是明确的作者排名，也很难反映每位作者具体的贡献。因此，一些期刊引入了贡献者身份模式，即按照具体的贡献来区分作者，明确每一位作者在研究过程中所做的实质工作。比如，说明谁收集的数据，谁设计的实验，谁实施的实验，谁参与讨论，谁进行数据分析，谁撰写论文等。这种模式肯定了每一位作者在论文中所做的工作，也有利于核定各自的责任。

比如，2008 年《自然》杂志刊登了诺贝尔生理学/医学奖得主 Linda B. Buck 及其共同作者发表的声明，撤销他们 2001 年发表在《自然》杂志上的一篇论文。声明中除了说明撤销论文的原因（研究人员无法重现结果，而且论文数据和原始数据之间有矛盾），还注明了每个作者的贡献：L. B. Buck 和 L. F. Horowitz 构思项目（conceived the project），L. F. Horowitz 和 Jean-Pierre Montmayeur 准备所必需的实验材料（prepared gene-targeting constructs to generate the mice），Scott Snapper 负责技术培训（trained Z. Z. in gene-targeting techniques），Zhihua Zou 实施实验、获得数据、提供数据和图表（prepared and analysed the mice and provided all figures and data for the paper），L. B. Buck 和 Zhihua Zou 撰写论文（wrote the paper），通讯作者是 Linda B. Buck。[①]

3）作者责任

作者在论文中署名，除了分享成果的荣誉外，同时意味着承担相应的责任。论文的作者应当熟悉论文的细节和主要结论并一致同意发表，并能够回答读者等对论文的相关问题和质疑。如果在论文中没有特别的分工说明，发表的论文的一旦出现了问题，如出现数据不实、剽窃、抄袭等学术不端行为时，所有作者都要承担相关责任。

与发表论文相关的还有其他方面的一些责任，特别是在医学学科，一些与人类被试、动物实验相关的研究，还会有一些特殊的要求。有关这些方面的责任，科学编辑理事会（Council of Science Editors，CSE）做过比较详细的说明。科学编辑理事会是美国的国际性独立编辑组织，与众多科学出版机构保持密切的关系。为指导刊物的伦理规范行为，科学编辑理事会出版了《推动科学期刊诚信出版白皮书》，进行了很实用的说明。

科学编辑理事会关于作者责任的补充说明[②]

保密　作者和编辑之间的关系是建立在保密的基础上的。二者之间关于特定稿件内容的所有意见都应该保密。作者应该在评审和出版（如果稿件被接收的话）的全过程中保持联系。作者应该注意期刊关于与外部审稿人交流的政策（这个政策在很大程度是取决于期刊实行匿名或非匿名评审），注意期刊关于出版条例的政策（参见2.6）。

声明　当作者接受期刊的投稿要求时，就有责任明确其条款。它包含了著作的原创性的声明，作者对研究的实际贡献的声明，经济利益和

---

① Zou Z H, Horowitz L F, Montmayeur J P, et al. . Retraction: Genetic tracing reveals a stereotyped sensory map in the olfactory cortex. Nature, 2008, 452, 120.

② Editorial Policy Committee (2005—2006), Council of Science Editors. CSE's White Paper on Promoting Integrity in Scientific Journal Publications. 21.

利益冲突声明（一些期刊也要求作者说明研究中所使用的全部药品和装置的资助来源），并且如果需要的话，还有符合人类主题研究标准的声明（《赫尔辛基宣言》等）。

原创性　作者应该提供他们所作研究的原创性的声明。一些期刊可能还要求作者提供与他们研究相关的报告的副本（论文、稿件、摘要）。

贡献者　一些期刊要求作者提供贡献者名单。作者需要说明他们的特定贡献。

药物和设备声明　一些期刊要求作者提供有关研究中所使用的全部药物或设备来源的声明。

涉及人类受试者的研究　所有期刊都应要求涉及人类受试者研究必须由公共审查委员会许可或者符合《赫尔辛基宣言》的正式文件，研究者要使研究按照可接受的标准进行，如知情同意。

动物研究　所有期刊都应要求涉及动物的研究要由动物研究委员会许可并且按照许可协议执行。

此外，第一作者或者通讯作者还有一些额外的责任。许多期刊都要求有一名通讯作者或主要作者，承担论文发表过程中的一些事宜，包括：保证数据的准确性；确保论文作者署名没有问题；保证所有作者审定过论文的最终稿；处理所有通信并对质疑做出回应。[①]

3.5.3　投稿与发表

论文完成之后，下一步工作就是投稿与发表。关于投稿与发表，有一些通用的规范，如不可以剽窃，不可以伪造、篡改数据，不可以一稿多投等。一般期刊都刊有自己的投稿须知，有具体的投稿要求，如投稿内容、原创性要求、利益冲突声明、稿件回复期限，甚至字数、字号、字体、行距、标号、公式、图表、参考文献格式等。一旦作者向某一期刊投稿，通常表示接受并遵照期刊的这些规定。

在投稿和发表中，有许多以下受到批评甚至被认为是不端行为的做法。

1）片面追求期刊影响因子

影响因子（impact factor）是美国科学信息研究所的期刊引证报告（JCR）中的一项数据。它由美国科学情报研究所创始人尤金·加菲尔德

---

①　Steneck N H. 科研伦理入门——ORI 介绍负责人研究行为. 曹南燕等译. 北京：清华大学出版社，2005：126-127.

（Eugene Garfield）于 20 世纪 60 年代创立的，指的是某一期刊的文章在特定年份或时期被引用的频率。

现在，影响因子已经成为衡量一个学术期刊影响力的重要指标，同时也成为衡量研究人员个人的论文质量的重要指标。因此，影响因子成了影响投稿的一个重要因素。但是一些作者在论文投稿和发表过程时片面追求影响影子，而期刊为了抬高自己期刊的影响因子也采取了一些不恰当的做法。比如，研究人员在投递一篇论文之前，首先按期刊影响因子的排行榜上挑选要投稿的杂志；几个或者一群研究人员刻意相互引用各自的论文，从而提高彼此论文的引用率；期刊的编辑部在审稿过程中，鼓动论文作者们引用自己期刊的论文，从而在短期内提高期刊的影响因子[①]。

作者和期刊的这些行为在形成一定的风气之后，对期刊的发展乃至科学研究的发展，都会产生非常不利的影响。

2）一稿多投和重复发表

一稿多投与重复发表常被混在一起，二者其实存在区别。涉及一稿多投问题的论文，它们基本上还是同一篇稿子，而且本来只应发表一次；重复发表则主要是指大量重复自己已经发表过的文献中的内容。

具体来说，一稿多投一般是指作者将同一篇论文或基于同一组数据资料而只有微小差别的论文，同时投给多家出版社或期刊，或者在收到第一次投稿出版社或期刊的回复之前（在约定回复期内）再次投给其他出版社或期刊，或者作者将已经出版、发表的著作或论文的全部或部分，原封不动或作细微修改，如仅改变作者排序、改变作者单位、改变文章题目、改写摘要、变动图表、删除/添加少量内容等后，再次投稿。因此，涉及一稿多投的文章，它们基本上还是同一篇稿子。

常见的一稿多投的形式有这样几种：一种是将同一稿件同时投给两个或两个以上的国内刊物，甚至在明知稿件已经被某刊录用的情况下，仍将稿件投给另一期刊。一种是向国内期刊试投稿以取得审稿意见对稿件进行再加工，然后借故将原稿件从国内期刊撤回，再将修改后的稿件向国外期刊投稿。还有一种是在向国外较著名的期刊投稿的同时，向国内期刊投稿，但却不加说明，一旦被国外期刊所接受，就借故将稿件从国内期刊撤回。第一种做法通常是为了增加发表的机会或者增加成果数量，后两种做法则是为了争取在国外期刊或影响因子较高的期刊发表，而不惜损害国内期刊利益的投机行为。

---

① Figà-Talamanca A. Are Citations the Currency of Science？．http：//www.psychomedia.it/jep/number24/figa-talamanca.htm［2014－09－05］．

一稿多投的行为在著作出版或论文发表中都是被明确禁止的，这在很多机构和期刊中都有规定。

科学编辑理事会关于禁止一稿多投的说明①

在生物医药科学中，作者在同一时间将一项研究报告分投几个期刊，包括稿件还在最早投稿的那个期刊的评审期内但未被正式拒稿之前，都是不允许的。违反这一准则的作者会发现编辑将他们的稿件以违规为由拒绝。

美国科研诚信办公室关于一稿多投的说明②

在大多数研究领域中，一篇稿件同时投给多家期刊是一种不负责任的行为。期刊通常会声明已提交的稿件不得是发表过或者同时投至其他期刊。此外，一些期刊会要求提交的稿件附上有关这方面的声明。

在某些特殊情况下，如果作者想要将自己已经投给某一期刊的稿件转投给其他期刊，也是可以的，但是需要特别注意。有关注意事项，科学编辑理事会有一个很好的明确说明。

科学编辑理事会关于论文改投的说明③

如果作者在稿件已经进入所投期刊的审稿程序时想要将它转投给其他期刊，那么他们必须正式告知该期刊的编辑。稿件的所有合著者必须一致同意此次撤稿，且应与期刊编辑沟通清楚。作者需要从期刊编辑那得到有关稿件撤回的书面认可。在接到期刊认可撤回的通知后，作者才可以把稿件再投给其他地方。作者还应该保留撤回通知的副件。

重复发表有时又被称为自我剽窃。相比于一稿多投，重复发表主要是指内容上的大量重复。实际发表过程中的重复发表有这样一些形式：将多篇已经发表的论文，各取其中一部分"嫁接"成一篇"新的"论文后再次投稿；在新的著作或论文中，不加标注地大量使用自己已经发表过的著论中的内容；一个成果不加说明地多次反复使用；等等。此外，群体作者的论文，只

---

① Editorial Policy Committee（2008—2009），Council of Science Editors. CSE's White Paper on Promoting Integrity in Scientific Journal Publications，2009.

② Office of Research Integrity. Guidelines for Responsible Conduct of Research，2007.

③ Editorial Policy Committee（2008—2009），Council of Science Editors. CSE's White Paper on Promoting Integrity in Scientific Journal Publications，2009.

要没有在论文中特别说明每一位作者的贡献和文责，那么其中一位作者在新论文中不加注释地使用了这篇论文中的内容，都属于重复发表；相同的，群体作者不加注释地使用其中一个作者已经发表论著中的内容，也属于重复发表。

一般来说，重复发表，如原文重发、原文经小幅修改后重发、拼凑多篇已发表文章再次发表等，都是不被允许的。但是有一些重复发表属于合理的二次发表。在很多情况下，合理的二次发表是被允许的。具体哪些重复发表属于被允许的二次发表，可以参见国际医学期刊编辑委员会（International Committee of Medical Journal Editors，ICMJE）制定、已被千余种期刊采用的《生物医学期刊投稿的统一要求》中有关二次发表的非常详尽的规定。

《生物医学期刊投稿的统一要求》关于二次发表的说明[①]

特定类型的文章，如政府机构和专业组织所制定的指南，需要最广泛的读者获知，因此编辑可有意识地选择已在其他刊物发表过的此类资料，但需征得作者及先前发表期刊编辑的同意。如果符合下列所有条件，无论是因为什么原因，用一种语言还是另一种语言，尤其是在其他国家，二次发表都是正当的，并且可能是有益的。

（1）作者已征得首次和二次发表期刊编辑的同意；二次发表期刊的编辑需得到首次发表文章的复印件、单行本或原稿。

（2）二次发表的时间至少应在首次发表后一周，以尊重首次发表的优先权（除非两个期刊的编辑达成了特定协议）。

（3）二次发表的论文面向的是不同读者群，如以节略本发表可能足以满足需要。

（4）二次版本忠实地反映首次版本的数据和论点。

（5）在二次版本题名页脚注中，告诉读者、同行及文献检索机构该文以全文或部分发表过，并写明原文出处。适当的脚注形式为"本文首次发表于［期刊名称、原文详细出处］"。

获得允诺的二次发表应该免费。

（6）在二次发表的提名中应指出，这是某首次发表文章的二次发表（完整再版、节选、完整翻译或节译）。需要注意的是，美国国立医学图书馆不收录"再版"的翻译版本；当原文发表在已被 MEDLINE 收录的期刊上时，不会再引用或辑录其翻译版本。

---

① Uniform Requirements for Manuscripts Submitted to Biomedical Journals：Writing and Editing for Biomedical Publication，2007. 姚俊英，王晶译．钟紫红审校．向生物医学期刊投稿的统一要求（续一）．中国医学生物技术，2008，3（2）：159‐160.

从期刊和编辑角度看，无论是一稿多投、重复发表，还是拆分发表，其性质同样是恶劣的，因为它们都不必要地浪费了有限的发表资源，浪费了期刊编辑和审稿人的时间，甚至影响期刊的声誉。同样对读者来说，这些行为也加大了他们检索和获取信息的成本。因此，非常有必要建立针对一稿多投和重复发表的发现、制止和处理机制。

一稿多投的行为本身虽然比较简单，但对其的预先发现和制止，很大程度上依赖于作者自律，以及各出版社和期刊之间信息沟通平台的建立。重复发表的发现和制止则相对困难，一方面是因为许多重复发表具有很强的隐蔽性，常常需要专业人员的认真比对才会被发现，另一方面是判定上的困难，包括"量"上判定的困难（如重复多少内容才能够被判定为重复）和"质"上判定的困难（如研究主题或者数据资料等何种程度的重复才能够判定为重复发表）。[①] 下面是一个重复发表的情景案例。

情景案例3.14

吕某向 A 期刊投了一篇综述性论文。经过初审和同行评议，论文被录用并很快发表。

过了 4 个月，编辑部收到一封读者来信。信中指出，B 期刊最新一期上刊登了吕某同样的题目、相似内容的文章，两篇文章没有引用彼此。

编辑部马上开会对两篇文章进行比照。结果发现，两篇文章的整体结构几乎是一样的，所用的资料也都基本相同，2/3 的参考文献也都是一样的。两篇文章的区别在于：发表在 B 期刊上的文章中对一些概念解释得更加细致，增加了一些对美国某研究机构新研究的评价，并且结论部分的论述更加充分。

编辑部马上联系了吕某，请他做出解释。吕某对此表示歉意并解释说，他完成了论文以后，就投给了 A 期刊。但是不久，他就了解到了美国某机构发表的最新研究，因此，他觉得原来的综述有欠缺，因此在原文的基础上，补充了材料，重写了结论，并投给了 B 期刊。而两篇文章之所以没有互相引用，是因为在投第二篇文论时还没有收到第一篇论文的录用函。

在这个案例中，吕某原本已经撰文并投稿，但因为又新获取了信息，于

---

① 黄小茹，唐平. 国际出版界对论文多余发表的认定及处理. 编辑学报，2011，（2）：184 - 187.

是在原稿的基础上进行了修改。在这种情况下，尤其是在还未收到前一次投稿的回复信息之前，他本来只需撤销前一次投稿，将修改稿转投，或者将修改稿交给前一次投稿期刊的编辑即可。但他却将原稿与修改稿当做两篇论文来处理，对修改稿进行了二次投稿。虽然两篇稿子并不完全相同，但就其主体而言，仍是一篇论文。因此，这种做法属于一稿多投。

3）拆分发表

拆分发表，也叫腊肠式发表（salami publication，或 salami slicing），是指为了增加论文篇数，将本来可以一次发表的内容故意拆成多篇论文发表。比如，将本可以一次发表的论文拆成若干最小可发表的单元进行发表；将同一成果拆分成多篇论文发表；用多篇论文从多种角度对同一实验或研究进行阐发；将实质上基于同一实验或研究的论文，每次补充少量实验数据或资料后，多次发表。

同一作者（群）的多篇论文虽然在行文上看貌似为不同的多篇论文，但它们实质上仍是基于同样的数据、资料或给出了相似的分析和解释，读者阅读其中某一篇论文即已足够，作者其实完全可以在同一篇论文中表达所有必要的信息而无需增加论文篇数的，但是作者却用多篇论文发表。这种做法降低了研究成果的重要性和整体性，浪费了宝贵的出版资源，还可能使读者产生困惑。正确的做法，应该是同一出版物中整合不同解释或者在一篇论文中阐述其他解释，而不是发表两篇或者多篇文章。

除了以上几种常见的不端或者不当行为外，在投稿和发表中还有一些需要注意的事项。比如，有时候一个作者可能向不同学术期刊同时投送 2～3 篇论文，而这些论文在内容上具有关联性。那么作者比较恰当的做法是向期刊做出说明或者附上另外相关送审论文的附件，从而证明自己所投的每一篇论文的新颖性。

◆ 3.6 成果转化与知识产权

除了论文、著作等之外，科学研究成果还会以其他方式呈现，如新产品、新工艺、新材料等，这些是更加显性、直观、实用的方式。这些呈现方式使科学研究体现出巨大的实用价值，带来无穷的经济价值和社会价值。因此，现代社会越来越重视科技的成果转化，重视科学研究后续的技术开发、试验、应用和推广。

科技成果转化也是一种创新性的智力活动。为了保护创新者的利益，营造和维护创新环境，知识产权制度应运而生。知识产权制度发源于欧洲。在知识产权制度中，专利法最先问世。1623 年英国的《垄断法规》（*The Stat-ute of Monopolies*）的诞生是近代专利保护制度的起点。继英国之后，美国、法国、荷兰、德国、日本等国也先后颁布了本国的专利法。知识产权包括著作权、商标权、商业秘密权、地理标记权、专利权等，其中与科学研究关系较大的是著作权和专利权。因此，本节有关知识产权部分主要阐述与著作权和专利权相关的问题。

3.6.1　成果转化

科技成果一般是指人们进行科学技术研究等智力创造性活动获得的产品。科技成果不等于直接生产力和经济效益。在应用于生产领域之前，科技成果往往只是潜在的生产力。为了提高生产力水平，还需对科学研究与技术开发所产生的具有实用价值的科技科技成果进行后续的试验、开发、应用、推广，直至形成新产品、新工艺、新材料，即科技成果转化。[①]

科技成果转化可以有多种层次、多种形式、多个渠道。比如，与企业联合攻关，签订技术转让合同进行一次性技术转让，直接进入行业为行业服务，技术推广和技术服务等。科技成果转化活动比较复杂，涉及多个主体，并且因为常与利益直接相关，所以其中的争端、不端行为甚至不法行为时有发生。为了提高成果转化的经济效益、社会效益和保护环境与资源，保护不同主体的权益，就需要对科技成果转化活动进行规范。科技成果转化活动应当遵循自愿、互利、公平、诚实信用的原则，各方应当依照约定，享受利益，承担风险，遵守相应的法律规定，如《促进科技成果转化法》。

目前，我国成果转化率不高，有大量的成果被锁在抽屉里，留在计算机里，以论文、奖状或者专利证书的形式停留在纸面上。一些耗费大量人力、物力、财力，被鉴定为"创新""领先"的科技成果，没有很好地得到转化。这其中的原因有很多，从制度方面来看，目前科技成果转化过程中的中间环节还十分薄弱。科技新产品的商业化和生产，不等于实验室成果的简单重复，而是研究工作的继续。实验室成果要完成产品开发、工程化开发、市场开拓等转化任务，就必须要有转化的"接口"工程。但是目前中试基地、中试条件和设备还比较缺乏，企业或研究机构都无法独自承担。另外，技术中介机构太少或不健全，技术信息供需网络尚未形成，也是影响科技成果转化

---

① 《中华人民共和国促进科技成果转化法》，于 1996 年 5 月 15 日第八届全国人民代表大会常务委员会第十九次会议通过。

的一个重要因素。

从科学研究和技术开发自身来看，传统观念和政策导向对成果转化有比较大的影响。科技成果转化需要科研机构组织结构、管理体制、运行方式、经营方针等适应市场需求，根据市场需求确定目标、分流人才、调整组织结构、转变运行机制、建立规章制度等。但是相比于科研成果的实用价值，研究机构更加注重科研成果的学术水平，注重评价成果完成的水平，而对成果技术的成熟性或工业化程度则缺乏相应的评价。在科技人员的考核、评定、奖励上，一般只看重所获奖项、论文专著等指标，而对科研成果的开发应用及其应用所取得的经济效益则未给予同等的重视。因此，研究人员往往把主要精力和注意力放在科研的第一阶段，对再进一步的开发及中试缺乏兴趣，从而使得许多有开发应用前景的成果被束之高阁。

下面是一个成果转化方面的情景案例。

情景案例 3.15

某省计算机应用研究所与地方机床厂开展合作。经过 3 年的努力，由研究所研究、机床厂参与开发的数控机床研制成功。这一机床的数控系统在技术上已居当时国内领先水平，为批量生产、开拓国内外市场奠定了重要的技术基础。研究所还以此申报了某奖项，最终获得了二等奖。

在合作初期，研究所与企业约定了各方的权利和义务，并明确了利益分配原则和成果归属。协议约定，协议合作 10 年，由企业承担研发经费，研究所负责组织技术研究和开发，研究所研究人员和企业技术人员共同参与；成果属双方共有，成果鉴定后，双方共同向上级申报高技术成果奖和新产品奖，数控系统成果奖的主研人员以研究所为主，新产品奖的主研人员以企业为主；产品收益研究所和企业分别占 2 成和 8 成。

5 年以后，研究所进行了改制。在新的激励机制和考核标准下，研究人员更加注重自己个人的学术研究。许多原来参与此项合作的研究人员纷纷表示自己非常忙，需要完成自己的课题研究，撰写论文发表，指导研究生，没有时间参与与企业的合作。研究所负责项目研发组织工作的陈某常常召集不到足够的人来开技术论证会，布置下去的任务，也总是有人无法按时完成。王某等少数几个参与合作的人虽然仍比较积极地从事研究，但进展很小。

按照原来的协议，双方的合作虽然还有 2 年时间，但是在这 2 年中，研究所没有投入足够的人力来扩大研究成果，因此也几乎没再有新的技术突破。对此，企业虽然不满意，但由于原先的协议中对研发的预期成果并没有具体的要求，企业也没有办法对研究所提出硬性要求。研究所和企业的合作最后也就不了了之了。

当前，经济的竞争越来越表现为科学技术的竞争，其核心是科技成果（特别是高技术成果）转化数量、质量和速度的竞争，归根结底是科技成果商品化、产业化程度及其市场占有率的竞争。要使科技成果变成现实的生产力，特别是要形成规模效益，就需要加速推进科技成果转化。在目前科技成果转化率低下的情况下，显然亟需有一个认识上的变化，需要将科技成果的应用，作为科研活动的目的之一。促使科技成果转化是一项比纯粹的科学研究更加复杂的工作。要推进科技成果转化，必须考虑众多因素，如资金来源、成本核算、市场变化、产品时效性等，这不仅需要研究人员，还需要科研管理部门、科研资助部门的共同努力。

3.6.2 著作权

与著作权相关的诚信问题很多。本章在"3.5 科研成果的撰写与发表"部分，已经涉及一些著作权的问题。比如，论文撰写中对他人研究成果的引用、作者署名等，这些都与著作权有很多关联。这里将更加集中地讨论科研人员在科研、教学活动中需要注意的与著作权相关的问题。

研究人员的主要工作集中于教学和科研，在教学和科研的活动中会产生一系列与著作权相关的问题。科研人员在科学研究、教学、成果发表、项目申请、学术交流等活动中，应当时刻注意自己的工作与他人成果之间的界限，尊重他人的著作权，获得相应的授权，勿"踩红线"。

然而，科研工作中使用他人的著作、成果在很多情况下并不需要预先获得著作权人许可。但这并不意味着就可以忽视著作权问题。2010 年修订的《中华人民共和国著作权法》第二十二条对此有明确规定。其中与科研人员相关的内容如下。

《中华人民共和国著作权法》有关著作权使用的规定（节选）

第二十二条 在下列情况下使用作品，可以不经著作权人许可，不向其支付报酬，但应当指明作者姓名、作品名称，并且不得侵犯著作权人依照本法享有的其他权利：

（一）为个人学习、研究或者欣赏，使用他人已经发表的作品；

（二）为介绍、评论某一作品或者说明某一问题，在作品中适当引用他人已经发表的作品；

……

（六）为学校课堂教学或者科学研究，翻译或者少量复制已经发表的作品，供教学或者科研人员使用，但不得出版发行。

科研人员日常工作中使用他人已经发表的论著的情况非常多。比如，为研究选题而查阅已有研究，为提高自己的学术水平而阅读、记录他人的著作，为论证一个问题而引用他人的论述等。由于这些个人使用他人研究成果的情况极为普遍，利用的研究成果的范围又相当广泛，如果要求每个人在每次使用他人成果时均要征得著作权人同意并支付报酬，那是不可能做到的，也是不合理的，学术交流也就无从谈起，科学事业本身也难以持续进步。因此，著作权法把在这些情况下使用他人已经发表的论著列入合理使用的范围。科研人员需要注意的是，应当注意指明作者姓名、作品名称，并且不得侵犯著作权人依照著作权法享有的其他权利。

此外，科研人员或教师为科学研究或者学校课堂教学，翻译或者少量复制已经发表的作品供教学或者科研使用，也是常见的现象。学校的课堂教学是一种传授知识的活动；科学研究是在总结、吸取前人经验或者知识的基础上，用科学方法探求事物的本质和规律的活动。这两项活动都离不开对知识的积累和探求。但是科研人员或教师也需要注意：使用范围不应超出课堂教学或科学研究的需要；翻译或者少量复制的目的是供教学或科研人员为学校课堂教学或科学研究使用，不能占为己有，不能用于出版发行。同样的，翻译或者复制他人已经发表的作品，应当指明作者姓名、作品名称，不得侵犯著作权人依照著作权法享有的其他权利。

3.6.3 专利

专利是专利法中最基本的概念。通常所说的专利有三种含义：专利权、受到专利权保护的发明创造及专利文献。一般所说的专利主要是指专利权。它是发明创造人或其权利受让人对特定的发明创造在一定期限内依法享有的独占实施权，是由国家知识产权主管机关依据专利法授予申请人的一种实施其发明创造的专有权，是知识产权的一种。

一项发明创造完成以后，发明创造的归属和权利范围，以及如何利用就会成为问题。专利权制度的出现正是要解决这些问题。专利权并不是伴随发明创造的完成而自动产生的，而是需要申请人按照专利法规定的程序和手续向国家知识产权主管部门提出申请，经审查认为符合专利法规定的申请才能授予专利权。发明创造被授予专利权以后，专利法就将保护专利权不受侵犯，除法律另有规定的以外，任何人要实施专利，必须得到专利权人的许可，并按双方协议支付使用费，否则就会造成侵权。但是专利权有时间性和地域性限制。专利权只在一定期限内有效，期限届满后专利权就不再存在。一个国家授予的专利权，只在授予国的法律有效管辖范围内有效。每个国家所授予的专利权，其效力是相互独立的。

科研机构和高校是科技成果的重要产出地，也是专利工作的重点。但是当前科研人员的专利意识还并不强，"重成果，轻专利"的现象较为普遍。我们可以看下面的案例。

情景案例 3.16

王某是某大学化学系的一名青年教师。他申请了学校的青年科研基金课题。他的课题主要是进行药物合成，以及核素、荧光标记方面的研究。

在研究过程中，王某有了新的发现。根据新的发现，可以设计一种用于心肌、肿瘤及乏氧组织的显像新方法。王某本想据此申请专利，但是因为课题结题的基本要求是根据研究成果发表论文或出版著作，而且按照学院的规定，论文和专著才是年度个人总结、职称评定的考核指标，而专利并不是考核指标，成果转化、专利实施不计入教师的科研工作量。经过再三考虑，王某决定暂不申请专利，而是根据研究结果先撰写论文发表。

一个月后，王某撰写了有关新发现的论文并很快投稿并被接收发表。之后，他参加了一个学术会议。在会议上，他报告了他的新发现，引起了大家的关注。

课题结题之后，他想到去申请专利。学院负责知识产权工作的办公室人员提醒他，由于他已经发表了论文，而且在学术会议上进行了报告，因此这项发明已经失去了作为专利或专有技术的保密性。

现在仍有很多研究机构和高校的相关政策没有把专利权的保护与管理摆在重要位置。专利等知识产权指标在科技活动评价指标体系中所占比重也比较小。在个人年度考核、职称评定时，成果鉴定、论文、著作、获奖等一般仍是主要的考核指标。在这种政策导向下，重论文发表轻专利实施、重成果鉴定轻专利申请的现象很普遍，许多科研成果以论文、专著、会议报告等形式公开，失去了作为专利或专有技术的保密性，同时也造成科技成果的资产和权利流失。

情景案例 3.17

某地发生了呼吸道传染病疫情，当地医院和相关研究单位都积极投入抗击疫情。本地某医院的陈大夫领导的科研小组，在一线治疗和研究中，发明了一种异型排气装置。这一装置不但可以降低气管插管操作者感染的风险，而且可用于不需置管的普通病人呼出的废气管理。

有人提醒陈大夫，应当先申请专利，取得知识产权保护后再投产。但陈大夫认为，控制疫情是第一位的，当务之急是尽快找到生产厂家投产。

陈大夫向所在医院的领导报告了这种新的发明。很快，一家外资企业知道了这个消息，他们派代表前来商谈，打算以一定价格购买这项成果后投产。

在交易过程中，公司代表发现，这项成果并没有申请专利。于是他马上向公司汇报了这一情况。很快，公司决定改变商谈策略，争取让陈大夫同意由他们公司直接使用这项成果投产。

专利不仅关涉研究，而且常与经济利益直接挂钩。如果没有充分认识到专利的重要性，那么损失的可能不仅仅是直接的经济利益，而且将来甚至有可能要为自己的劳动成果付费。正如情景案例 3.17 中所展现的情景，研究最早、也是最早取得成果的研究人员和机构，常常因为某些原因，没有及时申请专利，从而陷入了被动局面。

近年来，科研机构和研究人员对知识产权的重视程度普遍提高，知识产权意识显著增强，但是知识产权流失现象仍然比较严重，主要表现为：很多研究人员缺乏知识产权保护意识、知识产权经济价值观念及保密意识，没有申请专利的意识，或者在未申请专利前就以发表论文、成果鉴定、学术研讨、科普宣传等形式将成果公之于众。实际上，科研人员如果不注意自己科研成果的知识产权保护，一定程度上就等于给其他人无偿提供"免费大餐"，不但帮别人节省了大量的初期研究费用，还为他们的产品投产上市缩短了时间。而当自己反过来需要使用成果的时候，却很可能因为没有知识产权，反而要购买专利，从而付出研究和专利的双重费用。

在实际专利的申请中，由于前期投入、人员流动等问题，也常常会就发明的归属问题产生争议。可以看下面这个案例。

情景案例 3.18

钱某是某生物研究所的研究人员。这两年，他一直负责研究所一个项目的研究工作。近来，钱某的工作取得了很大的进展，有了一项重要发现。不久，他认识到这个发现对自己一直感兴趣的另外一项研究很有用。于是，钱某开展了大量工作，对最初的发现进行深入研究后，将其应用到自己的研究中，最终获得了很有实用价值的发明。钱某发现这项发明也符合国家专利的申报标准，于是他打算等年后稍微有空些的时候就开始着手申报。

最近，一家生物技术公司来找钱某，希望他能跳槽到公司上班。公司了解到他最新的发明尚未申报专利以后，开出了十分优厚的条件，希望他能够带着这项发明过来。

经过慎重的考虑，钱某决定跳槽到这家公司。研究所知道了这个消息，提出钱某的发明属于职务发明，专利权应属于研究所。钱某认为这个发明虽然是在研究所项目研究的基础上取得的，但是在研究所项目研究中所获得的仅是一个雏形，后续的研究都是在自己独自开展的研究中获得的。研究所则认为，即使这个发明主要是在钱某自己的研究中获得的，但是也是钱某在研究所任职期间开展的，使用了研究所的许多设备、资源，并不是纯粹的个人自由研究，因此专利权归属与研究所有关。

在争执不下之时，钱某打算抢先向知识产权局进行了申报。生物技术公司也计划基于钱某的发明，设计新产品并投入生产。

《中华人民共和国专利法》第六条表述为："执行本单位的任务或者主要是利用本单位的物质技术条件所完成的发明创造为职务发明创造。职务发明创造申请专利的权利属于该单位；申请被批准后，该单位为专利权人。利用本单位的物质技术条件所完成的发明创造，单位与发明人或者设计人订有合同，对申请专利的权利和专利权的归属做出约定的，从其约定。"这一修订引入合同优先原则，允许科技人员和单位通过合同约定专利权属。

但是在我国当前科技体制下，不少机构认为发明者领取单位的工资、奖金、福利，使用单位的资金和设备，因此所获得的发明应属于职务发明，其产权应归单位所有。当然，这种看法实际上重视了物质条件，却轻视了个人脑力劳动的价值。事实上，在发明活动中，智力投入、知识投入占据着核心的地位。因此，专利权的归属常常成为一个问题。职务发明的界定，与发明是否在工作时间或者在单位做出并无关系，而主要取决于这项发明是否是发明人在单位的本职工作，或者是不是单位指派的任务，或者是不是主要利用单位的资源（仪器、设备、资料等）完成的。当就专利权存在争议时，可以依照《中华人民共和国专利法》规定，由单位和发明者个人协商，共同所有。在未沟通协商的情况下，抢先申报是非常不适当的做法。

当前，在研究机构和高校中，专利"逃逸"的情况比较多，方式也多种多样。其中人员流动是一个重要原因。每年都有许多人员在各个单位之间流动，此外每年从高校中毕业大量的学生，特别是硕士生和博士生，他们掌握了较多的科研成果。而科技成果产权不明晰，以及技术开发、技术转让、技术投资、合作研发等产学研科技合作活动的日益频繁，更是加剧了专利的外流。此外，还有许多专利及非专利技术未经允许被无偿利用并生产销售，职务发明创造或技术成果被转移成非职务发明创造或非职务技术成果而私下转让。与专利"逃逸"相似，专利"埋没"也是一个突出问题。很多优秀的、有市场前景的成果没有申请专利或者即使申请专利也没有得到很好的应用。这些问题的解决，都有赖于从认识上重视科技成果转化和知识产权，改变目前重论文轻专利、重数量轻质量、重申请轻利用的意识，同时，研究机构应建立相应的机制，知识产权管理不能仅仅停留在专利统计、奖励申报和评审等事务性工作方面上，还需要建立知识产权的开发利用和产业化制度。

延伸阅读书目

1. 安德鲁·弗里德兰德，卡罗尔·弗尔特. 如何写好科研项目申请书. 郑如青译. 张琰，陈尔强校. 北京：北京大学出版社，2010.

2. 萨莉·拉姆齐. 如何查找文献. 廖晓玲译. 北京：北京大学出版社，2007.

3. 劳伦斯·马奇，布伦达·麦克伊沃. 怎样做文献综述：六步走向成功. 陈静，肖思汉译. 上海：上海教育出版社，2011.

4. 乔纳森·格里斯. 研究方法的第一本书. 孙冰洁，王亮译. 大连：东北财经大学出版社，2011.

5. 韦恩·布斯，格雷戈里·卡洛姆，约瑟夫·威廉姆斯. 研究是一门艺术：撰写学术论文、调查报告、研究著作的权威指南. 陈美霞，徐华卿，许甘霖译. 北京：新华出版社，2009.

6. Macrina F L. 科研诚信：负责任的科研行为教程与案例（第3版）. 何鸣鸿，陈越等译. 北京：高等教育出版社，2011.

4

学术活动中

在科研工作之外，研究人员需要经常性地参与学术活动。学术活动种类很多，除了学术会议、学术演讲、交流访问之外，还包括评审评议、咨询及人才培养等。学术活动的开展，对于提升研究人员的学术素养和学术水平，营造良好的学术氛围具有重要作用。

◆ 4.1 学术交流

学术交流是科学研究活动的重要组成部分。对于研究人员来说，学术交流所建立的平台，可以使其创新思想和科研成果得到充分的展现及评价，也是他们了解学科趋势和社会需求的重要渠道。同时，学科内部及不同学科之间的沟通，不同学派、不同观点的讨论与争辩，能够有力地促进研究人员之间的思想交流与碰撞、启迪新的学术思想、拓展新的研究领域。本节将系统描述学术交流的主要形式所应遵循的规范。

4.1.1 学术会议

出席专业学术会议，是研究人员最为常见的一种学术交流方式，也是其融入科学共同体、获得同行认可的重要途径。在汇集了本领域主要研究人员的学术会议上，与会者不仅可以全面了解所在领域当前的研究动态，获得与资深研究人员面对面的交流机会，而且能够借此展示自己的最新研究成果，结识与自己研究兴趣或学术背景一致的同行专家。学术会议提供的交流平台和资源渠道，对于参与者的职业发展也经常会带来潜在的机会。

按照功能定位、组织规模的差别，学术会议可以分为学术年会、国际学术会议、学术论坛、学术讨论会、学术沙龙等多种形式。其中，学术年会一般是定期召开的大型综合性或主题性学术会议，会议规模通常较大，涉及的研究主题和学科范围较广，开放性也比较强。国际学术会议是由来自不同国家的专业人士就共同关心的学术问题或研究项目进行交流的重要形式，与会者通常会被视作所属国家或地区的代表。学术论坛一般由专门的学术团体或科研机构等组织召开，围绕特定的主题进行深入系统的探讨，对会议主题感兴趣的专业人员和听众都可以参与其中，这类会议的主题相对更为明确，交互性也更为突出，有时这类会议也被作为学术年会的组成部分。学术讨论会是参与者为研讨某一专门问题或研究任务而进行的沟通和讨论形式，可以作为大型学术会议的组成单元，也可以单独举行，这类会议规模相对有限，参会者通常只是相关领域的专业研究人员，围绕特定议题进行互动讨论。学术沙龙往往是由专业兴趣相投的学者举办的定期或不定期的活动，会议的规模通常比较小，交流主题比较自由，会议氛围也相对宽松。

鉴于学术会议对于研究人员学术能力和职业发展的重要性，研究人员往往会投入大量的时间和精力参与其中。在会议注册、提交论文、聆听演讲、问答讨论、自由交流等参会环节中，需要特别注意以下三个方面。

首先，参加学术会议应当以促进学术研究和学术发展为主要目的，要避免出于功利的考量，只提交摘要或论文而不参会，或者身在会场而不提问，不参加讨论，或者只听大会报告而不参加分组交流等，使参会流于形式。

其次，与会者在进行会议报告时，应当在规定的时间内，充分、准确、坦诚地阐述自己的研究理念、研究方式和研究成果，对于提问者的提问和质疑，应当尽可能做出系统和全面的回答，对相关的研究细节和信息资源不做隐瞒。

最后，学术批评与学术争论，应当在开放、平等、民主、自由和包容的氛围下进行。学术会议的日程安排，通常都会在主旨演讲和专题发言之外，为与会者留出充分的自由讨论时间，为不同学术观点的交锋碰撞提供机会。与会者应当积极参与这一环节，并在相互尊重和认真聆听的基础上，以理性的观点和有说服力的表达，来增进在特定学术话题上的相互理解，避免在讨论中凭借职务或权威角色而出现的话语霸权。

戈尔德施密特大会（Goldschmidt Conferences）是国际地球科学界最重要的年度学术会议之一，会议的论文摘要会刊登于国际地球化学学会专业刊物《地球化学和宇宙化学学报》（*Geochimica et Cosmochimica Acta*，GCA，地球科学界影响因子最高的重要刊物之一）。2007年戈尔德施密特大会在德国召开时，有大批报名并提交了会议论文摘要的中国学者没有参加会议，也没有事先通知会议组委会取消论文展示或论文报告，结果导致许多专题会议在规定时间安排的发言出现空缺，从而使会议冷场和中断。此外，在论文招贴展示区按计划预留的位置也出现大批空白。这引起了会议组委会和与会代表的强烈不满。

2008年戈尔德施密特大会在加拿大温哥华举行，有来自中国地球科学不同专业领域的170名研究人员报名并刊登摘要后却未出席会议，其中仅9人事先通知会议组委会，声明因签证或与中国国家自然科学基金委员会的评审会议冲突等原因不能与会。这再次引起会议组织者的强烈不满，并指出因这170人未出席，按照报名人数预定的会议文件、会议用包、茶点，以及招待会和午餐等出现了浪费和经济损失。

这一案例中所反映的现象，已经在许多国际学术会议中有所表现。一些人参加学术会议的目的，仅仅是为了追求 SCI 或 EI 引用数量，而不是真正为了进行学术交流。这种多人报名参会、提交摘要后却不出席会议的行为，会在国际学术界产生非常负面的影响，我们应当引以为戒。

4.1.2 学术讲演

除了在学术会议上进行学术报告以外，学术讲座、课题汇报、成果发布，甚至研究生的课堂教学，都是学术讲演的重要形式。学术讲演是指演讲者在既定的时间内，借助自己的口头表达和身体语言，在必要时综合运用多媒体设备、实物模型等工具，就特定学术议题进行的"现场表演"。讲演过程中，演讲者需要逻辑严密、条理清晰、论证有力，对自己的学术观点或研究成果做出充分的阐述。学术讲演的成效如何，直接决定着学术交流活动的效果。

① 李曙光，刘丛强，徐义刚，等.警惕并杜绝一种新的学术不端行为.中国科学基金，2008，(6)：352-353.

学术讲演通常并不是对研究论文进行照本宣科式的复述，但这并不意味着演讲者可以对演讲主题进行随意发挥。在学术讲演的准备阶段，讲演者首先应当明晰讲演对象，确定讲演主题，并基于对听众的理解来考虑怎样切入和展开讲演主题，考虑怎样做出深入浅出的陈述。这里，根据受众选择合适的讲演语言，也是讲演者需要注意的一个重要方面，在没有国外与会者的情形下坚持采用外文陈述，通常不是一种合乎规范的做法。之后，围绕讲演主题，讲演者需要就研究背景、研究方法、数据来源等做出概要性介绍；在切入主题之后，准备工作的重点则是如何对论点和论据进行合理的安排。有论点无证据是一种明显的不规范做法，会导致学术演讲缺乏信服力；简单地堆砌材料会导致论证条理不清，也是讲演者需要避免的方式。在准备阶段，讲演者应该做好充分的分析和准备，考虑哪些内容需要强调，哪些内容可以省略，哪些内容应当扩展。内容简洁、结构清楚的讲演幻灯片是事先严谨准备的反映。

当然，对于学术讲演者来说，在观点明确、论证充分、陈述清晰之外，确保讲演内容的真实可靠，对所引用的研究工作或学术思想做出必要的说明，也是诚信的重要体现形式。

情景案例4.2

小刘在美国某大学拿到博士学位后，回国任职于某知名大学，并迅速成为学校科研骨干。目前，他正在进行一项关键技术的研究，这一技术在基因表达的调控跟踪方面有很好的应用前景。

经过一年多的攻关，小刘的研究有了阶段性成果，但是一些关键性的实验还在进行当中。就目前来看，实验结果应该会很令人满意。小刘准备就这一技术做一次专题讲演，尽早获得同行认同，使该项技术得以尽早推广应用。小刘希望能够为自己的工作找到很好的理论支持。但是由于这一领域较为前沿，经过一系列文献搜索工作，并没有获得令他满意的结果。为此，小刘通过技术手段，合成了一些关键研究数据和图片，打算在其讲演的幻灯片中进行展示，并对前沿科学家钱教授的一篇重要论文断章取义，作为其支撑。

小刘做完讲演后，几位同行迅速指出，其研究数据存在某些前后不一致的地方。但是小刘不能给出合理的解释。接下来还有专家指出，小刘没有正确理解钱教授的观点，是错误的引用。

学术讲演的内容必须真实可靠，具备高度的科学性。这就要求讲演的论点明确、逻辑严谨、论据材料翔实可靠。可以说，内容的科学性是学术演讲的生命，学术演讲离开了严谨科学的内容，就毫无价值可言。

在这次讲演中，小刘主观捏造了关键的研究数据，这首先是学术不端的表现。科学研究旨在拓展被证实的知识，而小刘的行为显然与此相悖。另外，小刘刻意曲解他人观点的行为也是错误的。这么做，不但不能增加自己论点的信服力，反而会严重降低自己研究的可靠性。小刘的做法同时也是对他人研究成果的不尊重。学术交流过程中，这类做法是应当严格避免的。

4.1.3　交流访问

科研机构之间签署人才交流协议，互派研究人员进行交流访问，或者派出研究生进行交流学习，以拓展研究人员的研究视野、强化研究机构间的合作网络，是一种常见的学术交流方式。由于交流人员的工作环境涉及不同机构的研究文化和管理规范，所以，如何在访问期间增进交流成效，避免不当行为，是访问学者和访问学生应关注的重要问题。

在交流访问过程中，到访者要使用访问机构的科研设备和研究资料，与该机构的研究人员探讨问题和（经常是共同）发表研究成果，参与该机构组织的学术活动或研究项目，或者以该机构的名义出席相关学术会议。因此，他们需要及时了解访问机构的相关规定，并严格遵守。在遇到因研究机构间的规章存在冲突而引起的矛盾局面时，应当及时咨询访问机构的管理人员，共同商议合适的做法。

情景案例4.3

小唐是国内某医学研究所的年轻研究骨干，主要从事软骨组织的研究。最近，他获得了研究所公派出国交流访问的机会。由于这次访问的机构是美国相关领域的顶尖研究所，小唐非常珍惜此次机会。

在访问期间，小唐参与了该研究所的部分研究工作，了解了美国目前软骨组织的研究现状，同时熟悉了相关研究的先进技术和方法。该研究所对小唐访问期间的工作也很满意，对其严谨的工作态度颇为赞赏。

在访问交流接近结束时，研究所允许小唐带走他自己在此期间进行研究所获得的资料、标本和数据。但是小唐觉得研究所数据库中的其他很多资料对他今后的研究都非常有价值。于是他就利用在研究所的访问权限，将数项相关研究项目中得到的研究数据、标本文件等珍贵资料，都下载拷贝到了自己的硬盘上。

在小唐准备回国的前一天，研究所的信息管理部门发现最近下载的数据异常，调查之后发现是小唐的账号所为，研究所要求小唐将拷贝的数据销毁，不得将许可之外的任何资料带出研究所，更不允许带回国内。

小唐所在的医学研究所知道此事之后，对小唐进行了严肃批评，在所内进行了通报，并且决定几年之内禁止小唐出国交流访问。

研究人员工作地点变动时，应当遵守机构相关规定或者事先约定的协议。在情景案例 4.3 中，因为相关数据资料的所有权属于研究所，所以小唐只能带走研究所批准他拷贝的数据，也就是他自己进行研究得到的部分。如果要带走其他的部分，则必须事先获得研究所的同意，并且在事后的研究中要注明数据获取的方式。

4.1.4　私人交流

学术交流已不仅仅发生在会议室和实验室中。随着信息通信技术的进步，研究人员之间的学术讨论可以随时随地进行。对于科研事业来说，工作场合之外的私人交流有着不可忽视的重要影响。

同行或同事之间在私人聚会时的交谈，学者们在会议或讲座间隙的相互结识和讨论，甚至不同专业领域之间友人碰面时的信息沟通，都可能对研究人员的研究设想或研究工作产生实质性的推动。在这种情形下，受益的研究人员应当注意以适当的方式承认他人的贡献。比如，受到他人所提供的（往往是尚未公开的）对自己的研究成果具有直接和实质性的影响的帮助，应当在研究论文或专利报告中予以致谢，甚或予以共同署名的权利。

情景案例 4.4

小韩和小辛是同一所学校的研究生同学，他们毕业之后进入了同一家研究机构，从事不同分支的生物技术领域的研究工作。

在一次两人闲聊时，小韩将自己关于提高提取 DNA 片段效率的想法和计划告诉了小辛，虽然小辛并不专注于该领域，但小韩还是花时间向他解释了细节和预期的结果。对此，小辛提出了一些改进的意见。但由于缺乏相关经验，小辛的许多想法都不实际或很简单，而且有些都已经包含在小韩的原有研究中。但小辛建议小韩做几个有意义的对比实验，并阐述了对比实验的设计思路。

　　根据小辛的建议，小韩进行了实验。实验结果非常好。此后，小韩经常和小辛在闲聊时或在电子邮件中谈起这个项目，小辛还参加了几次小韩的实验室报告会，对小韩的工作提出了一些意见和建议，包括建议他尝试用不同的细胞种类以进一步巩固实验的结果，并且表示可以在实验材料方面予以协助。最后，小韩利用小辛提供的细胞系获得了令他十分满意的研究结论。

　　小韩将此申请了专利，并向某期刊投稿，但都并没有提到小辛的名字。小辛得知后，要求将自己的名字加入专利的共同发明人，并在投稿论文中列为共同作者。两人就此事争执不休。

　　科研人员之间的私人交流是学术活动的非正式形式，在交流过程中，相互之间的交流具有启发研究新想法，完善研究计划等作用。科研人员应当尊重从私人交流过程中获得的实质性帮助，包括他人的研究思路、方法与其他实际贡献，并在成果发表时以恰当的方式予以承认和说明。在上述案例中，小韩没有对小辛的贡献予以承认，这是一种不诚实的行为。虽然小辛与小韩并不从事同一领域的研究工作，但在小韩的研究过程中，小辛一方面提供了研究思路上的建议，另一方面还提供了实验所需的细胞系。可以看出，小辛在小韩的研究中做出了实质性的贡献，与最后的研究成果有着直接的关系，小韩应当在成果发表中对小辛的贡献予以承认。

◆ 4.2　学术出版

　　正如前文所述，对于推动科学进步和研究人员的个人发展来说，通过学术出版物进行交流非常必要。鉴于在科学领域的公开出版物中，原创性的研究论文是最为基础和最具典型性的组成要素，而研究人员在撰写和投寄论文之外，也经常要作为同行专家对他人的投稿进行评审。因此，本节将以期刊论文为例，概要性地阐述学术出版过程中的规范。

4.2.1　编辑

　　科技期刊的出版是一个系统工程，中间涉及选题与组稿、初审与复审、编辑加工、版式设计、校对与付印等诸多环节。其中任何一个环节的疏漏都将影响刊物的整体质量。期刊编辑要对刊物的质量负责，他们的工作不仅要保障技术上的编辑规范、内容上的学术规范，还包括道德上的行为规范，这贯穿于编辑工作的每一个环节。编辑对于学术出版过程负有特别的诚信责任。

　　科技期刊编辑需要公正、礼貌和诚实地对待所有的稿件作者，为作者准备和投递稿件提供指导。如果条件允许，编辑在收到投递稿件后，可以利用不端文献检测系统进行比对检测，筛查排除可能存在的一稿多投、重复发表、剽窃等行为，许多期刊已经采用了这样的做法。对来稿进行内容初审时，编辑应当以论文是否符合办刊宗旨为重点，正确评价论文的科学性、表达的准确性和推理的严密性，而不以个人的好恶或偏见影响对稿件的评判。在论文编辑过程中，期刊编辑必须为作者的成果保密，不公开讨论或私下复制作者的研究内容。在收到评议专家的审稿意见后，编辑应在规定的时间范围内做出相应的编辑决定，并及时与作者沟通。在向作者反馈编辑修改意见的时候，编辑应当避免对作者提出不当要求，例如，要求作者引用该期刊曾经发表的文章，以增加其影响因子。当论文作者对评议意见和编辑决定存在合理疑义时，编辑应当积极进行协调和沟通。

对于编辑来说，督促作者遵守诚信规范，避免科研不端行为，是其重要的工作职责。这要求期刊编辑在以下方面对作者起到告知和督促的责任，主要包括：

（1）编辑应要求作者在投稿信或论文稿件中，书面申明与稿件相关的现实或可能的利益冲突（或申明不存在任何利益冲突）；

（2）论文署名应当准确反映出对研究内容做出了实质贡献的人，如果论文具有共同作者，那么所有作者对于论文内容负有同等的责任；

（3）论文格式应当遵循期刊发布的投稿规定，内容应当准确可靠，若有需要，作者应向编辑提供研究过程中涉及的原始数据和相关原始资料；

（4）如果论文涉及人体被试或动物被试的内容，作者应向编辑提供有关机构（如伦理委员会等审查部门）对研究方案的核准文件。

如果相关不端行为得到证实，编辑有权对作者做出处罚，如限制发表或撤稿等，并在必要时通报给相关机构（作者所在机构、资助机构、监管部门等）并要求进行调查。

选择合适的审稿专家，准确把握专家的评审意见，是期刊编辑在稿件处理过程中必须予以重视的工作内容。编辑人员应该熟悉有关专业领域的专家，了解他们的研究方向，并据此为待审稿件选择合适的评议人，按照评议人的对口专业和时间安排等适当地分配论文。为了确保评议人能够公正、及时地审稿，维护同行评议的诚信，期刊编辑在必要时应该向评议人提供有关稿件评议的书面指南，并告知评议人主动说明与所审稿件的利益冲突。在评议人提出审稿意见后，如果编辑认为需要对评议意见进行修改，应当事先告知评议人。如果评议人不同意修改，应当保留评议人的意见，将编辑自己的意见另外列出。如果稿件中的研究不属于期刊涉及范围，或者稿件明显缺乏创新性（如已有内容一致并正式发表的研究），或者稿件存在一稿多投或重复发表等情形，期刊编辑可以不经过外部同行评议人评议，直接退稿。

科技期刊是科研成果的重要载体，也是科学界最为重要的一种交流平台。作为科研成果主要体现形式的研究论文，构成了科技期刊的内容主体。刊载论文的质量水平，往往直接决定着科技期刊的生存能力与发展空间。为此，编辑应当对编发稿件的质量严格把关，对于那些为了评定职称或取得学位而仓促投来的稿件，编辑应坚守录用的质量标准，避免非学术因素的不当影响。

期刊编辑还应当确保期刊具有良好的学术影响和社会影响。在期刊中可以以合适的方式明示期刊的相关信息（如期刊所有者、经费来源等），期刊的道德规范、禁止事项，以及投稿、出版费用、获得方式（免费获得还是征订方式）等方面的规定。编辑应当控制期刊中出现的错误，通过出版勘误表或勘正表，尽快地进行更正，维护文献的准确性。若有需要，编辑应帮助读者寻找机会与作者做进一步的讨论。

4.2.2 审稿

同行专家审稿，是指编辑经初审后将自己认为有发表价值的稿件送给同行专家进行评议的过程。评议人大都是在论文所属研究领域中造诣深厚的学者，他们给出的审稿意见，不仅可以使稿件的重要性和准确性得到专业评价，为学术出版物的质量严格把关，而且有助于论文作者完善文章的表述结构和论证逻辑，使得论文在正式发表时更具说服力和可读性。

期刊论文发表阶段的审稿，通常采用"双盲制"或"单盲制"方式，前者指的是在稿件评审过程中论文作者和评议人均不向对方公开身份，后者则是指审稿时仅保证评议人的身份不向论文作者公开。期刊编辑通常会邀请2～3位评议人进行审稿，也有期刊会邀请更多的评议人。评议人给出的审稿意见大致可分为四种，即无条件接受（可以立即发表）、有条件接受（修改后发表）、有条件拒绝（目前不能发表，但可以修改之后再投）、无条件拒绝（不能发表）。评议人的意见将会直接影响编辑部对稿件所做出的最终评定。

为了保证审稿意见的公正性和客观性，评议人应当是同一或相近领域的专家学者，从而避免因判断能力的不足、储备知识的缺失而造成评议结果的不准确。评议人应当尊重论文作者的自主性，尊重不同的学术观点和研究方法，坚持以科学的态度提出合理的质疑意见，坚持学术标准和一视同仁原则，对实际和潜在的利益冲突保持敏感性，避免将年龄、性别、职称、隶属单位等作为审稿意见的考虑因素。就审稿意见的内容而言，评议人不仅要肯定被评议对象的优点，指出其存在的不足，还应当提供建设性意见，同时就自己的判断提供充足的理由或证据，以便作者理解和修改。

评议人有责任在规定的时间内完成审稿工作。如果预期不能完成，应提前告知评议机构或拒绝参加评议，或者可以与编辑协调寻求解决的办法。不能无理由、无限期地拖延审稿工作，从而影响整个审稿活动和论文作者的利益。同时，评议人必须恪守保密原则，未经作者允许不得透露评议内容，或者据为己有。

下面是美国科学编辑委员会关于科学期刊论文评审的建议和评议人不当行为表现形式的内容，可以作为参考。

美国科学编辑委员会关于科学期刊论文评审的建议[①]

保密

评审的材料在制定的评审程序之外不可以与他人分享或讨论，除非编辑认为必须并准许。同行评议的材料是必须被保密的有特权的信息，注意保护作者的身份和工作。评审人不应该保留稿件的副本，也不应该为与同行评议无关的任何目的使用其知识内容。尽管编辑和评议人能够接触到所投材料，但是作者有理由要求评审过程保持严格的保密性。如果评审人不清楚在评审过程中如何获得他人帮助的政策，可以向编辑咨询。

建设性批评意见

评议人的意见应当肯定所评议稿件的好的方面，同时建设性地指出差的方面以及需要改进的地方。不要对稿件中的不足视而不见就将其还给作者。评议人应当充分地解释或支持自己的判断，这样编辑和作者就可以理解评议意见。先前给出的所有观测结果或论据都要有相关的引用出处。复制本的知识内容也要被共享。

同行评议的目的不是要证明评议人精于鉴别错误。评议人有鉴别和提供建设性意见帮助作者克服工作中的缺点的责任。评议人应当尊重作者的智力的自主性。

尽管评议是保密的，但是所有的评审意见都应该有礼貌并经得住公众审查。

---

① Editorial Policy Committee (2008—2009) for Council of Science Editors. CSE's White Paper on Promoting Integrity in Scientific Journal Publications，2009：27 - 28.

能力

评议人如果意识到他的专业意见有限，就有责任将情况清楚地告知编辑。尽管评议人可能不是文章所涉及的每个方面的专家，但是只有当评议人能够给出充分的专业意见时才可以接受评议任务。评议人没有专家意见会导致接收带有实际缺陷的稿件或拒绝好的稿件的风险。在这种情况下，评议人应该拒绝评议。

公正和诚实

评议人的意见和结论应该建立在对事实的客观和公正的考虑的基础上，排除个人的和职业的偏见。评议人提出的所有评审意见应当只依据论文的科学价值、原创性和撰写质量，以及与期刊范围和宗旨的相关性，而不应该依据作者的种族、出身、宗教或公民身份。

评议人不应该通过同行评议的特权交流来获取科学的、经济的、个人的或其他物质上的好处，应该尽全力来避免趁势利用评审程序获得的信息。存在利益冲突的潜在评议人应该拒绝或与编辑讨论。

利益冲突的披露

可能的话，评审系统应当将评议人的实际的或可感知的偏见降到最低。评议人如果具有可能干扰评审客观性的利益，那么他们就应该拒绝评审任务或者向编辑披露利益冲突并询问最好怎么处理。一些期刊要求审稿人签署与作者所签署的类似的披露条款。

时效和回应

评议人有责任迅速地完成评审并及时交还。不能这样做的话就会破坏评审程序。应该尽全力在要求的时间内完成评审。如果不可能在评审的最后期限内完成，那么评议人应该马上拒绝任务或者询问是否可以协调解决。

◆ 4.3 评议

作为一种由拥有相似知识和经验的同行对科研工作的各个方面进行评价的活动，同行评议是合理配置科研资源、评判研究质量，以及使研究人员公平地获取经费、奖励、职位、声望等的基础性制度保障，也是与科学技术相关的评议活动中最为常见的评价方式。上文所说的期刊论文评议其实也是同行评议的一种。下面将根据同行评议的对象差异，依次讨论另外几种常见的评议，包括科研项目、科技人才、科研机构和研究成果，阐述在这些评议中，相关人员应当关注和遵守的行为规范。对于同行评议在总体上应该遵从的基本原则，欧洲科学基金委员会在其发布的《同行评议指南》中，给出了很好的描述。

欧洲科学基金委员会发布的《同行评议指南》中有关同行评议的基本原则①

卓越

选定资助的项目必须能够在主题和标准方面展示出高质量。申请书的卓越性应当基于专家们进行的评估。这些专家、评审小组成员和同行评审专家应当基于明确的标准、能够避免偏见和控制利益冲突的程序来遴选。

公正

所有被提交的申请都必须得到同等的对待。对它们的评估应当基于其价值，而不论其来源或申请人的身份。

透明

决策必须基于事先公布的表述明确的规则和程序。必须不惜一切代价避免随意的决策和改变。所有申请人都必须得到对其申请书评估结果的充分反馈。所有申请人都有权对评估结论做出回应，对此应当有合适的程序。

配合目标

评估过程应当配合研究计划的性质、指定的研究领域、投入规模和工作的复杂性。

效率和速度

评估必须尽可能地快，同时应维持评估的质量，尊重法律框架。这一过程应当高效而简单。

保密

评审者和参与评审过程的组织必须对所有申请书及其相关数据、知识产权和其他文件保密。应有公开专家身份的安排。

伦理和诚信考量

在同行评议过程的任何阶段，任何违背了基本伦理原则或诚信原则的申请书都应被排除。

---

① European Science Foundation. European Peer Review Guide：Integrating Policies and Practices into Coherent Procedures. 2011：12‐13.

4.3.1 项目评议

项目评议是指针对研究资助申请或已完成的研究项目做出的评议。对于前者而言，参与评议的同行专家将会按照资助机构的要求，重点审查申请项目的研究目标、研究方案的整体设计、技术实力和研究基础等问题，其评价标准涉及所申请项目是否有学术意义和实用意义，是否遵从所在领域的学术规范和惯例，研究方法是否得当，技术路线是否可行，项目人员构成是否合理，等等。对于后者，同行专家评议的重点体现在项目成效、经费使用等方面，其评价标准涉及已完成的研究工作与项目申请书是否具有一致性、研究数据是否可靠、项目结论是否可信、经费使用状况是否合理等。

在科研项目的评价过程中，同行专家应当规避可能存在的利益冲突，遵守项目评议的流程和标准，秉持实事求是的态度，对项目本身做出公正和具有建设性的评价。同时，他们应当和评议委托机构一道，共同关注项目材料中可能出现的不端行为，如不恰当地使用他人材料、未提及由他人完成的相似的重要工作、有意伪造或篡改数据等。

情景案例 4.5

方某是某研究所的年轻科研人员。最近，他申请了某基金的新兴领域研究项目。马某是该基金的资深评审人，他负责评议方某的申请书。

马某对此新兴领域有所涉足，但是并非这一领域的专家。马某认真审阅了方某的申请书，虽然他承认该项目选题具有研究价值，但坚持认为好的研究更应出自规模大、声誉高的研究机构，而方某项目组的研究人员都比较年轻，所在机构的规模也都比较小、声誉比较低，一旦项目获得批准也很难保证能够取得预期的研究效果。所以他对此项目并不看好。

在评审会上，虽然有几位专家认为方某的项目具有较强的学术价值，对今后学科发展是有意义的，项目申请应当予以批准，但是马某仍坚持自己的看法，认为该项目申请不应予以批准。

上述情景案例中，马某的做法显然不妥。评审专家在评议过程中不应对申请人或研究单位存在偏见，而是应当基于项目申请书进行实事求是的评价。研究选题的科学价值或应用前景，研究方法的创新性或恰当性，研究内容的适度、合理，以及研究方案的可行性等，应当是马某做出判断和评价的主要依据。另外，对于新兴交叉研究领域而言，项目内容可能会超出评审专家自身的研究领域，这时，综合考虑相关领域不同专家的评审意见，尽可能减少学科偏见的影响，就变得非常重要了。

4.3.2 人才评议

评审专家对研究人员的科研能力及以往的研究经历进行评价，主要包括对职业资质、科技奖励等的评议。根据被评议人所从事的工作性质和岗位，评议活动的具体标准通常具有显著的区别。对从事基础研究工作的人才，评议重点在于考察其创新研究能力和潜力、学术水平、工作业绩、学术影响等；对于从事应用研究工作的人才，评议重点在于考察其对核心技术、关键技术的创新与集成能力和潜力、工作业绩，以及获得的自主知识产权等；对于从事科学技术成果转化与产业化工作的人才，评议重点在于考察其推动科学技术成果转化和产业化的能力，以及取得的经济和社会效益等；对于从事条件保障与实验技术工作的人员，评议的重点在于考察其为研究与发展活动提供服务的能力和水平。

评审专家在评议过程中，需要坚持标准，公正、客观地做出评判；要尽可能地出席评议会议，认真审阅材料，通过各种方式对候选人进行全面的了解；不接受各种方式的贿赂、威胁，一旦发现情况应及时向评议机构说明；严格遵守有关的保密规定，在评议过程中，不私自征询他人的意见，在没有得到许可以及评议结果公布之前，不与被评议人及其他人员谈论、泄露有关事项。

情景案例 4.6

高教授是某职称评定委员会的委员之一，委员会目前正在进行副教授晋升正教授的评审工作。

高教授负责对心理学方面的申请进行初审。在评审安某的申请时，他发现安某尽管日常教学事务特别繁重，但在文章发表方面一点也不逊色。高教授粗略地浏览他的简历就发现，过去两年间，他在同行评议刊物上发表了数十项研究工作，在学术会议上还做了几次展示。高教授决定逐一认真地审核他的每一项研究，结果发现安某在近两年发表的论文中，频繁地使用同一个由 5000 个实验对象组成的样本，但文章中却没有进行相互引用。于是，他就此事私下询问安某。安某承认使用了相同的实验样本，但是每次研究都是不同而且独立的实验方法，他坚持认为这是不违反规定的，而且向高教授表示今后的研究项目中双方会有很大的合作空间。高教授斟酌之后，也认为这并不影响安某的职称认定，决定同意安某的晋升申请。

在之后的专业委员会会议评审时，有委员提出了安某在实验样本方面的问题。高教授表示自己已经发现这个问题，认为该问题并不严重。但其他委员认为安某在论文发表过程中没有遵守相关的科研规范，同时他们认为高教授在评审过程中发现了问题却没有及时告知委员会，而是私下接触被评议人的做法存在问题。

评审专家在对研究人员的科研能力进行评价的时候，应当客观公正地根据事实做出评估。上述案例中的高教授在评审过程中，认真地对被评议人以往的研究经历进行调查，这是负责任的做法。但是，高教授在发现安某论文发表中的不当行为后，没有及时向专业委员会进行报告，同时在评审意见中予以说明，而是私下接触安某，基于安某的一面之词以及个人的利益考虑，做出了不恰当的评审意见，高教授的这些做法违背了同行评议的一般规范。

4.3.3　机构评议

机构评议，是指由科技主管部门安排或科研机构自行组织，委托专业评议机构或评议专家委员会，对科研机构的发展目标与定位、研究与发展能力、人才队伍建设、条件建设与服务水平、运行机制与创新环境建设，以及科学技术产出绩效等方面进行的评议活动。评议结果通常会对机构的资源配置和组织格局产生直接的影响。

在机构评议过程中，根据机构自身的功能定位、任务目标、运行机制等的不同，评价方式和标准也会有所区别。对于基础研究机构的评议，应当以原始性创新能力与国际科学前沿竞争力为评价重点，主要评议学科专业方向设置的科学性、学科带头人及人才群体的整体水平和培养能力、国内外合作与交流情况、科研条件共享、成果及论文产出的水平以及在国内外相关领域的地位和影响等。对于社会公益类的研究机构，应当以其对国计民生和社会可持续发展的技术保障和服务能力为评议重点，主要评价其发展方向与国家需求的一致性、科学技术成果应用产生的社会效果等。对于技术开发类机构，应当以其新技术、新产品和新工艺的研究与开发能力和向现实生产力的转化能力为重点，主要评价其自主知识产权的获取和保护能力、对行业科学技术进步和高新技术产业发展的贡献，以及经济效益等。

4.3.4 成果评议

成果评议，是指有关科技行政管理机关或相关机构聘请同行专家，按照规定的形式和程序，对科技成果进行审查和评价，并给出相应的结论。科技成果鉴定工作应当坚持实事求是、科学民主、客观公正、注重质量、讲求实效的原则，确保科技成果鉴定工作的严肃性和科学性，并遵守相应的保密要求。组织鉴定单位选聘参加鉴定工作的同行专家，应当是被鉴定科技成果所涉及的专业领域的科技人员，选聘同行专家组成鉴定委员会（或函审小组、检测鉴定小组）时，应尽可能同时有教学、科研、生产三方面的专家参加，并应符合专业、能力、职业道德方面的要求。不具备专业能力、不符合保密要求或者有相关利益冲突的人员不能被选聘为科技成果鉴定专家。评审过程还需遵守《科学技术成果鉴定办法》《科技成果鉴定规程（试行）》等国家相关规定。

情景案例 4.7 ◆

范某是某医学研究院的研究员，目前正在从事某新兴药物的应用研究。由于他在该领域的学术造诣较深，刚刚被某学会聘为评审专家。

该学会最近正在评选年度科技成果。学会发给范某一份关于某药物应用的研究报告，请范某进行审阅。范某在审阅过程中，发现这项研究与自己的新兴药物研究结论有所相似，但是实验方法的设计不同。由于范某在该项研究中倾入了很大的心血，他十分担心这份研究报告出版之后会削弱自己的研究。之后范某在参加某药物学术会议时，在会上暗示了关于这项新兴药物的实验结果，对送审报告的实验设计进行了批驳。

几个星期之后，该学会发现了范某在公开会议中引用了被评审的成果，还在会议上进行了讨论和批评。学会认为范某的做法严重违反了学会要求评议专家严格保密的规定，决定在未来 5 年内，不再邀请范某担任学会的评审人员。

根据同行评议的规范要求，评审材料必须是严格保密的。评审专家在评审程序之外不应与他人分享或讨论相关内容，更不应该为了与同行评议程序无关的任何目的使用其内容。范某出于自身利益考虑，在评议活动中没有遵循评审保密的原则，没有对评审内容公正、诚实地提出建设性的批评意见，违背了评审专家的基本规范要求。

◆ 4.4 咨询

4.4.1 立项咨询

资深科学家经常被邀请参与科技管理机构和资助机构主办的咨询活动。鉴于他们在各自学科中的权威角色，他们有责任根据自己对所在领域科技发展总体态势的把握，为制定和实施学科发展战略、重大科研项目或重大研究计划的立项等事务提供专家建议。他们给出的咨询意见，诸如所预期的目标前景是否可以实现、计划对研究任务的设置是否合理、资源配置是否到位等，对计划的制订和实施具有直接而深远的影响。

作为立项咨询专家的研究人员，需要以立足于推动学术进步和学科发展的战略眼光，结合领域前沿动态和发展趋势，对拟议计划或项目进行整体性的把握与评价。咨询专家应当坚持实事求是的原则，独立、客观、公正地提供个人负责任的意见，并应按照管理者的要求按时完成咨询任务。他们需要维护咨询对象的知识产权和技术秘密，妥善保存咨询材料并在咨询活动结束后按要求将其全部退还管理者，不得违规复制与咨询有关的材料，不得向管理者以外的单位或个人违规扩散咨询内容。当咨询事项与专家有利益冲突时，专家应当主动向管理者申明并回避。

情景案例 4.8

金教授是生物质能方面的专家，通过多年研究，他发现，A 作物可以作为生物质能的原材料，用于生物柴油的生产，并且该作物适应性广，种植省时省功，很适合在广大贫困地区种植，用来提高当地人民的收入。其研究团队已经在这一作物的生物质能开发领域积累了大量的第一手资料。但是，几年的试验种植也发现一些问题，有种植农户反映，A 作物对土壤水分和肥料需求较大，几年的种植使得土地肥力明显下降。但是，研究团队在接到此类意见反馈后，没有充分认识到问题的严重性，没有马上开展有关 A 作物对土壤肥力影响的研究，而是打算以后再做。

最近，应某部门邀请，金教授参加了新能源重大科技发展项目的立项咨询工作。金教授考虑到这是一次难得的机遇，可以充分利用这次立项咨询的机会，突出生物质能开发的重要性。于是，他在咨询会议上提出有关部门应加大生物质能研发投资，积极推广种植 A 作物。在项目指南制定过程中，金教授极力说明生物质能作为新型能源的重要性，最终把"开发生物质能源，推广种植生物质能作物"写进了此次指南中。

在接下来的几年中，金教授的研究团队得到了大量的研究资助。Ａ作物也在局部地区得到了推广种植。但是，几年后种植Ａ作物的地区普遍出现了地下水位显著下降，土壤肥力下降，不再适于Ａ作物种植，甚至其他作物也无法正常生长了。该问题被新闻媒体广泛报道后，有关部门展开了相关调查，确认了当地土地肥力下降、板结、地下水位下降与Ａ作物的种植有直接关系。随后，有关部门停止了Ａ作物的研究开发和种植推广工作。

科研人员参与立项咨询时，应当真实全面地给出自己的建议和意见，不能因为个人私利而隐瞒对自己不利的信息。案例中金教授的做法有多处不妥或明显的错误。为了推动所在团队的研究成果走向应用，金教授片面地强调Ａ作物的正面作用，没有论及该作物可能带来的风险，没有向咨询会议参与者提供真实全面的信息，这种做法违背了咨询专家的行为准则，并导致了严重的负面后果。

4.4.2　政策咨询

研究人员参与科技决策事务的角色正变得越来越引人注目，究其原因，可以概括为三个方面：第一，科学技术日益广泛地渗透到社会生活的各个方面，大多政治、经济决策都不同程度地关系到科学技术问题，或者需要科学家为决策提供必要的知识，或者需要通过寻求科学技术的新发展探索更好的解决途径；第二，科学家的社会形象正在发生变化，在"象牙塔"中探索科学问题并提供价值中立的客观知识的科学家形象，正在被凭借专业知识深度介入政治决策，并在一定程度上利用科学家身份维护特定集团利益的专家形象所取代；第三，科学技术的发展以及对科学技术知识的利用包含着不确定性，涉及不同的利益相关者，这一方面要求建立多元主体参与的政策议程，另一方面也为科学家可能扮演何种角色提供了选择的空间。[①]

但是，政策咨询中的科学家角色也会受到社会的质疑。科学家作为社会的一员，很难在政策咨询中保持价值判断的中立，即科学家会自觉或不自觉地把自己的价值判断渗透在咨询意见中。这也是政策咨询遭到诟病的重要原

---

① 小罗杰·皮尔克. 诚实的代理人：科学在政策和政治中的意义. 李正风，缪航译. 上海：上海交通大学出版社，2010：164-165.

因。甚至有人认为，科学家从事何种政策制定的咨询活动，就可以帮助自己实现何种价值目标。对此，科学家应坚守自己的职业伦理道德，尽可能地给出客观的咨询意见。

实际上，虽然科学家常常被看成是探索自然规律的神秘人物，但无可否认，他们也有个人目标和个人功利，这些个人考虑与社会目标和社会功利既有一致之处，也有不一致的地方。科学家希望自己的政策咨询建议能够影响政策决策以至直接变为政策文本并无可厚非，但是，在政策咨询中，科学家需要认识到的是，他们所代表的并不仅仅是他们个人，而是"科学家"这一特殊的身份。社会需要这一身份来为科技发展把握方向。因此，这就需要科学家始终在政策咨询中保持客观、公正的立场，将促进科技与社会的健康发展放在首位。

4.5 人才培养

科学技术的发展建立在对既有的知识和技术集成的基础之上。尊重、信任前辈和已有知识体系，是迈入科学研究殿堂的第一步，是跨入科学共同体的前提。继承已有的科学知识和技术，则离不开师承。"老师"一般有两层含义：

一是狭义的老师，即负责向学生提供指导，负责学生的学术、技术和道德发展的特定的人，他们通常被称为导师。导师的指导和传承是形成负责任的科学研究行为的重要因素。导师是科研诚信的管家，他们的行为和活动，对学生的态度和价值标准有强烈的作用。导师的言传身教，对于学生来说有着最为直接和有效的影响。

二是广义的老师，即科学共同体内的学术前辈和对自己给予过学术指导的人。资深的研究人员，通常承担着指导学生、培养学术后备力量的重要职责，他们通常是"年长而更富经验的人，负责向一个年轻而经验较少的人提供忠告、支持，并监督和促使其进步"。[①]

4.5.1 师生关系

与其他人际关系相比，师生关系有着自己明显的特点。首先，对导师和学生双方来说，个人尊重是绝对必要的，而相互信任是良好的师生关系的另

---

① Pershing J A. Handbook of Human Performance Technology. San Francisco：Pfeiffer，2006：455.

一个必要成分。其次，师生在工作和学术上会形成一种一脉相承的亲近影响。几年的科研学习，导师更多的是示范和传授从事科研的方法、培养学生创新的能力，在此过程中，导师的学术观点、研究风格、研究方法、道德品质等会对学生产生潜移默化的影响，甚至贯穿其一生。

教育是人类崇高而神圣的事业，师生关系也是人类最为重要的社会关系之一。大学和科研院所被尊称为"象牙塔"，正是因为在这些场所里有一大批心境高远、思维活跃的学者，他们不断地用自己渊博的学识、高尚的道德人格去熏陶和培育学生。从这个层面而言，社会对老师寄予非常高的期望和标准。"传道、授业、解惑"体现的不仅是知识传承，还包括道德熏陶和情感交流。

然而，时至今日，原本较为单纯的师生关系，却发生了一些变异。我们常常听到一些学生尤其是研究生，称自己的老师为"老板"。称谓变迁的背后，反映出科研运作方式的一些变化。在我国，以科研为导向、以导师负责制和资助制为核心的研究生培养机制改革，从 2006 年开始试点，2007 年扩展到 17 所高校，2008 年推广到 47 所高校，2009 年开始逐步向全国高校推广。所谓导师资助制，就是研究生在学习期间参与导师的课题科研，其一部分学习费用从导师科研经费中分担。这就带来了一个现实问题，即师生关系发生了一些变化，导师与学生的关系有时不再是纯粹的教与学的关系。有些导师把科研变成了"经营"，他们忙于申请各类项目，然后让学生查资料、做调查、做实验、写论文、写报告。师生关系甚至更像是"老板"与"雇员"的关系。

事实上，对学生来说，跟随导师在科研实践中锻炼成长是非常重要的，这也可以为学生日后独立开展科研工作打下坚实的基础。但是，如果因为导师的课题研究任务繁重，让学生过多地参与项目研究，而忽视了理论基础、学术品德的培养，则绝不是负责任的教育工作。那么，在学生特别是研究生的指导培养中，导师和学生应该怎样处理好关系呢？

导师和学生之间的个人尊重和相互信任，是形成良好的师生关系的前提和基础。尊师重教是文明社会的普适原则，学生尊重老师在前面第二章中已有阐述，这里无需赘述。导师对学生的尊重，体现在负责任的指导、以开放和平等的心态对待学生等多方面。学生的学术成型期是在导师的指导下度过的，随着学生能力的提高和导师对其信任度的增加，导师的指导方式也应随之改变以契合学生形成的研究风格。

情景案例 4.9

小郭本科就读于一所地方普通大学，本科期间他勤奋努力，目标明确，终于如愿以偿考上了某知名研究所的直博研究生。

到所里后，他发现导师的学生基本上都是来自名牌大学，实验室的学生综合素质、能力水平都比较高，尤其是动手能力。由于自己本科学校的实验条件比较差，很多仪器他以前都没用过，和别的学生相比确实有差距，小郭产生了自卑感。加上他性格比较内向，和老师、同学主动交流不够，小郭自我感觉和学习科研的实际成效越来越不好，和实验室其他人的关系也越来越疏远。

小郭的导师吴教授与学生的例行沟通交流主要是每周一次的组会，他虽然感觉小郭会上发言少，汇报工作进展缺乏信心，但由于自己的学生独立性都很强，就没有对小郭有更多的关注。小郭在所里待着越来越觉得没意思，到研二时，他向吴教授提出从直博生转为硕士生，放弃了原来的按博士计划安排的课题任务，改做其他课题，匆忙完成以后就毕业了。

导师对学生的学术成长和职业发展负有特定的责任和义务。在理想的情况下，一位导师同时指导的学生数量应该有所控制，否则就很难有足够的时间和精力带好学生。但在现代科研活动中，导师除了培养学生，还承担着繁重的科研任务，有大量的学术交流活动和科研辅助事务，许多学生会发现导师的忙碌程度简直超乎他们的想象。所以，学生主动和导师保持联系，才能获得导师更多指导的机会。有的学生会顾虑：老师那么忙，我主动联系会不会打扰他？其实这种顾虑是完全没必要的。案例中的小郭就深有这方面的顾虑。有不少学生可能也有与小郭相似的心态，出于对导师的敬畏感和胆怯的心态，对老师"敬而远之"，学习上不敢主动向导师请教和交流，这是不利于培养良好的师生关系的。虽然学生在师生关系中一般处于被动地位，但学生不能因此就完全被动地等待导师来关注自己。事实上，学生积极主动地和导师建立良好的关系，是师生关系的关键。研究生阶段的学习方式、培养模式，与大学本科阶段相比，已经有很大的不同了。刚进入研究生阶段的学生，都会有一段时间的心理调整期，即便是博士生，随着导师的更换以及科研学习进入一个新的发展阶段，也有心理调整的过程。学生应尽快适应新的环境，主动与老师沟通交流，推进自己的学业。

当然，由于导师很忙，所以学生要多观察或者和导师多沟通，尽量适应导师的工作时间和节奏。作为学生，不要期望导师主动适应自己，而是应当主动适应导师。多向实验室的师兄师姐了解导师的性格、工作作风、时间规律，主动与导师沟通。

改变师生关系中一些不好的现象，发展健康的师生关系，除了强调导师基本的学术职业操守和道德原则，强化导师在研究活动中培养创新人才的意识以外，还需要一些制度方面的安排和约束，如由学校、研究机构统筹多种资源，包括政府财政拨款、学校专项资金、导师配套经费及社会捐助资金等，构筑更加合理的研究生奖励与资助体系。

4.5.2　导师的责任

第二章已经阐述了很多有关学生需要注意的诚信规范，这里将着重阐述导师对于人才培养的诚信责任。主要体现在以下几个方面。

首先，导师有责任帮助学生理解剽窃、篡改、伪造等科研不端行为的含义，这是帮助学生避免学术不端行为的第一步，也是最为重要的一环。告知学生如何避免这类行为、向其介绍本学科文献引证的规范等，都是负责任指导的重要举措，在这类信息的交流过程中，导师发挥着核心作用。

其次，导师应通过认真监督、仔细审查初级研究人员或学生的工作，防止初级研究人员和学生犯下不必要的错误，甚至出现科研不端行为。他们应该定期与初级研究人员或学生谈论学习和研究工作，实时关注他们的进展；应该确保初级研究人员或学生在具备条件和有监督的情况下进行实验研究，定期审查实验室记录和其他数据资料。应该仔细阅读初级研究人员或学生的文稿，确保数据使用和说明上的准确，并检查是否已经对他人的贡献给予了适当的承认。特别地，导师应该帮助学生保护相关内容，避免学生的工作被牵涉进科研不端事件。例如，学生意欲在个人网站上张贴自己的作品时，导师可以建议他们采取安全性措施，提示他们尽量不要张贴近期的论文内容，以此来减少文章被剽窃的可能。这些责任中有些内容可以委派给其他人，但是最终的责任应由直接对其负责的导师来承担。

对于导师而言，下述这些有失诚信的行为是需要着重避免的：因个人喜好、科研能力、利益关系等因素，对某些初级研究人员或学生有所偏向；对初级研究人员或学生隐瞒研究信息，或者有意设置障碍，使得他们无法接触到研究资源；不尊重初级研究人员或学生因个人的研究努力得出的有价值的研究成果，不尊重他们在自己的研究工作中所做出的贡献，不遵守与他们达成的协议，在成果出版或发表中不对他们的贡献给予实事求是的认定，或提出不合理的要求；不注重初级研究人员或学生综合研究能力的培养和锻炼，不是客观地按照其能力和时间安排等制订和实施合理的研究计划，而是基于自己的利益让他们承担不符合他们能力或者时间安排的任务；在初级研究人员或学生向自己阐述未发表的观点、想法或实验结果时，没有为其保密，或者通过某种手段窃为己有；挤压、挪用本应用于培养和指导工作的时间和精力。

情景案例 4.10

2006 年年底至 2007 年 5 月，A 大学应届毕业生胡某到 B 大学跟从刘某做本科毕业论文。期间刘某作为胡某的指导老师，多次对胡某的论文进行指导。在翻阅胡某论文时，刘某发现胡某的论文有部分内容抄袭了自己的论文，便告知胡某要及时修改。但是刘某在胡某没有完全改正涉嫌抄袭的部分前，就在胡某本科论文审议表上签了字，表示本科毕业论文（含抄袭部分）顺利通过。这样 2007 年 9 月胡某以全系第一名的成绩，被保送进入 B 大学，师从刘某。

2007 年 9 月至 2010 年 6 月，二人师生关系融洽，相安无事。期间，刘某对胡某也是精心培养，胡某还被派到美国学习一年。但是回国之后，胡某便希望自己能去美国读博士。刘某对此有些震惊、生气。早在胡某入学时，他就向胡某征求过是否愿意在 B 大学继续跟随自己读博士的意见，直到胡某出国前夕，他还问过，而胡某从未拒绝过。因此，在上报当年招生计划时，他向系里申请了硕转博的名额。现在胡某要去美国读博士的打算显然打乱了他的计划。

于是刘某于 2010 年 6 月，第一次向 A 大学提交实名书面报告，举报胡某本科毕业论文存在抄袭行为。同年 10 月，再次将胡某本科毕业论文认定为"一篇充满抄袭、剽窃和造假的文章"，向 A 大学提出"给予核查"的请求。刘某的理由为：胡某抄袭造假部分主要出现在其论文的第三章、第六章、第八章，而其中第三章占全论文正文篇幅的约 60%，而且胡某用承诺修改来骗取其签字。

2011 年 11 月 2 日，A 大学回复表示：胡某论文获刘某签字，顺利毕业程序合法。

在上述案例中，刘某作为胡某的本科毕业论文指导老师，负有不可推卸的责任，没有尽到相应的监督指导责任。刘某作为胡某的论文指导老师，不应该在胡某没有删除抄袭内容之前就在论文上签字，这是一种不严谨的表现。此外，由于经刘某签字后，大学才可以向胡某发放毕业证书、学位证书，这意味着向社会保障，该学生诚实地完成了本科毕业论文，达到了毕业要求。从这一点上来说，刘某没有履行其相应的社会责任。

而胡某在这次事件中也有明显的过错，即"知错不改"。作为学生，本应按照指导老师和学校的相关规定，认真修改导师指出的论文的不当之处。但是胡某却心存"侥幸心理"，谎称悔改以骗取指导老师的签字。这是一种极其恶劣的欺骗行为。

在当前的研究生培养中，除了基础课程的学习外，学生还经常参加导师的一些课题研究，其中的关系更加复杂，可以看下面这个情景案例。

情景案例 4.11

小刘是植物分子生物学专业二年级博士研究生。入学时，他与导师陈教授进行了讨论，决定参加陈教授刚申请到的一个重要项目，并以此为自己的论文选题。陈教授为小刘制定了完成项目各阶段的内容和基准日期。之后，小刘一直在陈教授的实验室工作。

从今年开始，小刘家里接连发生了意外。他不得不抽出更多的时间照顾家人，并在外面做一些兼职。因此，这半年来，小刘的研究进展非常缓慢。虽然可以预计未来的几年家里的情况不可能有大的变化，但他不想告诉陈教授，而是希望通过更多的努力来尽量完成博士论文研究工作。如果有必要的话，他打算延期毕业。

陈教授从其他研究生那里知道了小刘的情况。他找到小刘，让小刘放下现在手头的研究，转做另一个项目，将已经完成的工作交给一位一年级的博士生小汪。

小刘对此非常不解，认为自己已经投入了很多时间和精力来做这个项目，而且自己的博士论文选题已经确定，如果现在改做其他项目，那就意味着自己的博士论文也要重新确定选题。

陈教授向小刘解释了他的安排。因为现在这个项目还有一年的时间就要结题，而小刘现在的情况会令课题组的总体研究进展受到很大影响。而另外那个项目则没有太多的时限和最终期限，对小刘反而比较合适。至于让小刘把已经完成的工作交给小汪，则是考虑到大家是一个团队，未来这个项目完成以后，也会考虑让小刘在项目成果的文章上署名。

陈教授认为，这是基于项目进展的考虑，而且另一个项目的研究方向跨度不大，小刘的博士论文选题只需要进行一些调整，并不是完全重新设计。对此，小刘觉得可以理解，但是非常难以接受，因为他对现在所做的研究非常有兴趣。最后，小刘不得不放弃在做项目，转到另一个项目。

在这个情景案例中，小刘博士论文的研究基础是导师的一项课题。因为课题研究本身的要求，小刘的科学研究工作也不得不与之"绑定"。在这样一种情形下，学生的科研训练似乎少了几分自由，而多了几分无奈。反过来看他的导师陈教授，面对小刘的特殊情况，他有没有其他折中的办法可以让小刘继续从事此前的研究呢？如果始终将项目进度摆在第一位，那么似乎很难找到其他办法。但是如果多从学生的角度来考虑，安排其他人来共同参与到这个项目中，既能够分担小刘的工作，又能够让他继续从事研究，可能是一个比较好的选择。

延伸阅读书目

1. 南希·罗斯韦尔. 谁想成为科学家？乐爱国译. 上海：上海科技教育出版社，2006.

2. 温·格兰特，菲利帕·谢林顿. 规划你的学术生涯. 寇文红译. 大连：东北财经大学出版社，2010.

3. Macrina F L. 科研诚信：负责任的科研行为教程与案例. 何鸣鸿，陈越，等译. 北京：高等教育出版社，2011.

4. 中国科学院. 科研活动道德规范读本. 北京：科学出版社，2009.

5. 美国科学、工程和公共政策委员会. 怎样当一名科学家——科学研究中的负责行为. 刘华杰译. 北京：北京理工大学出版社，2004.

5

科学研究的职业道德

在人类社会发展的历史长河中，科学技术所产生的影响无疑是巨大的。现代科学技术，在理性、客观的前提下，用理论与实验探索自然，理解和掌握控制自然的运行法则，并运用法则来改变世界、改善生活。作为科学技术发展推动者的科学家，不仅享受着由探索自然、发现问题所带来的荣誉，还应对由自己的努力而迎来的科学革命的历史进程负责①，而其中第一个责任就是对推进科学健康发展的责任。

要推进科学事业的健康发展，就必须遵守科学研究的职业道德。科学研究已经迈入大科学时代，研究活动不再是纯粹的个人事业，越来越多的合作、交往，以及研究对象和范围的扩展，不但要求科学家在研究中有求真求是的精神，而且还要有协作精神、开放精神和民主精神。

◆ 5.1 怀疑与回应

科学史家和科学哲学家托马斯·库恩在《科学革命的结构》中提出"范式"（paradigm）的概念，认为科学并不是连续性的、积累的进步过程，而是范式的间断性转换的结果。每一个科学发展阶段都有特殊的内在结构，而体现这种结构的模型即"范式"，即如亚里士多德的物理学之于古代科学，托勒密的天文学之于中世纪科学，伽利略的动力学之于近代科学的初级阶

---

① 伯霍普. 科学家的社会责任//戈德史密斯，马凯. 科学的科学. 赵红州，蒋国华译. 北京：科学出版社，1985：25-36.

段，微粒光学之于近代科学的发达时期，爱因斯坦的相对论之于当代科学。

范式之间有着"不可通约性"（incommensurability），不同的范式之间不仅相互竞争、相互对立，而且问题和解决问题的标准也明显不同。所谓的科学革命，就是范式的转变。科学革命是由一些新的假设、新的理论和方法引发危机而造成的。库恩发现科学史上大量的进步事件并不是由于科学家渐进地追求真理的结果，而是他们意识到了反常事件，寻找新范式进行解释的结果，如拉瓦锡发现氧，伦琴发现 X 射线，麦克斯韦的电磁理论等。因此，导致范式转变而发生所谓科学革命的基础，便是科学家首先有了"怀疑"。如果没有怀疑，只是"验证"以往的学说和他人的研究，那么新的概念、学说、理论也就无从谈起。

而库恩所讲的"科学"指的是"常规科学"，常规科学就是按照某个范式解决难题的活动。范式具有实用主义的倾向，它保证了在一个特定的历史时期内，某些问题具有特定的解，大部分共同体成员拥有广泛承认的概念、学说、理论等。但是即使在特定的范式之下，为了推进科学进步，科学家也会对一些科学问题、方法、过程、标准等产生怀疑，正因为如此，纠错和改进才能够产生，科学才能一次又一次地飞跃式发展。

那么，在科学研究中应该秉持怎样的怀疑精神呢？所谓怀疑，并不是胡乱猜疑，不是无根据地"怀疑一切"，而是有根据地发现问题。怀疑是基于认识经验和科学研究规律的总结，默顿称之为"有组织的怀疑主义"。"社会性的有组织的怀疑主义是指科学和学术中对知识主张的批判性审查的制度化安排，其运行不依赖于这个或那个个体的怀疑倾向的偶然表现。"[①] "有组织的怀疑主义是一个社会化的过程，而不是心理过程，它包括对那些批评性地评价公共知识观点（以及自己的知识观点）的行为提供鼓励和奖赏制度性机制。……它极不同于简单的个人性的怀疑主义方式。而且，它是一种不断发展的、有规范限定的认知警惕系统。"[②] "有组织的怀疑主义"是以客观性和原创性为价值基础的，它以检验科学家是否真正"扩展被证实的知识"，检验科学成果是否真正具有客观性和原创性，并通过一定的组织程序，特别是同行评议来做出中肯的评价。有组织的怀疑主义规范强调的是制度性的质疑、批判与挑剔，但它发挥的是建设性的功能——促进新的正确的知识的增长。可以说，"有组织的怀疑主义"是科学系统特有的一种"纠错机制"和

---

① Merton R K. The Thomas theorem and the Matthew effect. Social Forces，1995，（2）：379 - 424.

② 默顿. 社会研究与社会政策. 林聚任，等译. 北京：生活·读书·新知三联书店，2001：7.

"肯定机制"。正因为有了它，科学知识才得以持续增长。

所以，强调"有组织的怀疑主义"具有特别的意义。尤其在学术界，形成一种有效的学术批评与反批评的社会机制，是保证学术事业发展与繁荣的必要条件。因此，强化"有组织的怀疑主义"，使"有组织的怀疑主义"成为学术讨论或争论的基本规范，将有利于学术的发展与繁荣。

对科研人员个人而言，正确地提出怀疑，公正地面对他人对自己的观点、思想、研究方法和研究结论的怀疑，妥善地回应怀疑，是一个人治学态度的集中体现，也是科学精神的直接反映。科研人员从事科学研究，其目的在于客观地认识世界，揭示不为人知的真理，诠释世界运行的规律。严谨的治学态度、开放的科研精神，将有助于科研人员免受主观臆断的影响，以积极乐观的心态去接受各种观点，从而获得对客观世界正确的认识。反之，如果科研人员缺乏这种开放的心态，只是武断地赞成自己学派的观点而无视甚至压制他人的怀疑，不仅将不利于其个人的学术研究，也会对科学的发展产生一定的不良影响。

那么，在具体的科学研究和交流活动中，应该如何提出怀疑或对他人的怀疑进行回应呢？下面是一个这方面的情景案例。

情景案例 5.1

刘某是某大学化学学院的教授。他的课题组在一项实验中获得了很好的数据，发表了一篇有关几何受限环境下的高分子结晶与熔融行为方面的论文。

不久，刘某参加了一个高分子化学方面的学术研讨会。在小组分会上，刘某报告了自己的论文，介绍了实验过程和主要数据分析结果。

陈某也参加了该小组分会，在讨论时，他指出自己早些时候已经阅读了刘某的论文，在刘某的论文里，有一组数据的分析方法是错误的。用这种方法来处理数据，会导致整个数据分析出现偏差，因此论文最终的结论也是站不住脚的。

刘某在与陈某讨论后承认，自己对这一组数据的分析可能存在问题，但他认为这只是实验中的一个独立环节，不影响整个数据分析，对结论也不会有影响。

参会的其他人由于没有阅读过刘某论文的全文，所以不好做出判断。

会后，陈某与课题组其他成员重新进行了实验，并重新进行了数据分析。结果显示，这是一个非常小的错误，的确需要修正，但不影响全文的分析和结论。刘某认为陈某当时的做法很不好，无论他的出发点是什么，其结果都非常容易让参会的其他人产生误解，甚至对自己的整个研究产生怀疑。

情景案例 5.1 中，陈某在会议讨论时，指出了刘某论文中存在的问题，这属于正常的学术交流。但是，陈某的做法有不妥之处。刘某论文中的问题是一个小的数据错误，并不影响论文整体，但是陈某将其放大，甚至推翻整个论文，并且通过一个公开的会议场合来指出，其他人对此缺乏了解，因此可能会对刘某产生一定的影响。既然陈某早已阅读了刘某的论文，并且认为刘某的研究有问题，完全可以在会前就直接告知刘某论文中的问题，二人可以就问题进行讨论，或者事前就对刘某等的研究进行重复实验，进行验证并对刘某的研究提出合理质疑。

怀疑和回应除了发生在直接面对面的交流中，还可以发生在很多场合。不同的场合对他人研究的质疑可能会有不同的方式，但是坦诚、客观和相互尊重，仍是最基本的准则。随着论文发表越来越成为学术交流的重要手段，审稿人与作者、编辑与作者、作者与读者之间，也经常发生关于论文研究所涉问题的各种质疑与回应。这时的交流往往并不是直接面对面的，因此如何把握恰当的交流方式，也成为一个关键问题。下面是一个在论文评审中因不同意他人的观点进而采取错误处理方式的情景案例。

情景案例 5.2

赵某是某期刊的匿名审稿人。近期他收到了期刊编辑给他寄来的一篇论文，请他审稿。这是一篇有关等离子体晶格波与不稳定性方面的论文，与赵某的研究方向相同。

赵某仔细阅读了全文后发现，论文作者 A 在文中使用了一种特定的方法，这个方法最早是由 C 提出来的。对 C 的这个方法，赵某一直不认同，而且 C 的这个方法其实是对赵某自己提出来的另外一种方法的否定。

赵某最后给编辑发回了自己的评审意见，认为论文中的研究只是在他研究的基础上做了一点工作，创新性不够，而且对实验数据的分析不足以支撑论文提出的结论，因此不建议发表。

在科学研究中，对一个问题存在不同的观点是非常正常的。当面对与自己不同的观点时，可以中肯地陈述自己的意见，予以解释和说明，并对他人的不同意见提出合理的反驳。而忽视、隐瞒、歪曲不同意见，甚至利用某些便利条件，如评审论文、评价成果等，诋毁不同意见以抬高自己的观点的做法，虽然在当前的学术界、科研管理界，难以被认定为属于科研不端行为，但是，它显然是违背科研职业道德的。情景案例 5.2 中，赵某的做法就属于这种情况。

　　"信任与质疑源于科学的积累性和进步性。信任原则以他人用恰当手段谋求真实知识为假定，把科学研究中的错误归之于寻找真理过程的困难和曲折。质疑原则要求科学家始终保持对科研中可能出现错误的警惕，不排除科学不端行为的可能性。"[1] 那么，当自己的研究受到别人的质疑时，应如何恰当地予以回应呢？

　　最常听到别人提出质疑的场合，可能是在各种学术会议、项目评审、论文答辩的现场。当别人提出疑问或者不同意见时，无论对方的意见在自己看来是否正确或者合理，都应报以诚实而谦虚的态度，这是最容易进行有效沟通的方式。有争议的双方，应当心平气和地进行学术探讨，保持平等、公正、客观的原则，任何回避、武断、唯我的态度都不可能进行有效的交流与沟通。

　　在 2010 年第 4 期的《自然-结构与分子生物学》上，该杂志的职业编辑写了一篇《如何进行逐点回应》（*Making your point-by-point*）的社论，详细介绍了如何逐点回应审稿人提出的不同意见。

如何逐点回应审稿意见[2]

　　当稿件进入审查阶段时，作者经过焦急的等待后会收到审稿人员的修改意见。然而，越来越严格的编辑和审稿人希望能够得到作者进一步的答复。作者对审稿意见的逐点回应是论文修改阶段的重要组成部分。下面就如何有效逐点回应审稿意见提出几点建议。

　　毋庸置疑，逻辑性和健全的科学论证是对审稿意见进行恰当的逐点回应的基础。但这是一个积极的科学讨论的过程，旨在巩固和支撑科学，而且它需要参与者之间交换意见、合作或是让步。因此，下文就作者如何进行逐点回应审稿意见提出一些建议和意见。

　　紧扣要点　我们在行业内部将这种答复称为"逐点回应"，而非"反驳"。这表明需要对审稿者提出的每点意见进行逐一的答复。我们曾通读过长达 17 页的逐点回应。但是，作者回应的篇幅越长，也就越有可能在长篇论述中迷失所要答复的重点。倘若发生这种情况，那么我们会要求作者重写，因为我们需要确保不耽误审稿者的工作。所以，作者应当一开始就对审稿者提出的每点意见进行明确和直接的答复，以节约时间。

---

　　[1]　中国科学院. 中国科学院关于科学理念的宣言、关于加强科研行为规范建设的意见. 北京：科学出版社，2007：4.

　　[2]　Making your point-by-point. Nature Structural & Molecular Biology，2010，（4）：389.

保证客观性　我们曾收到一些审稿人员的意见，他们不理解为什么作者在回应审稿意见时的语气如此咄咄逼人。因此，如果作者的回应过于不客气而同时我们认为这将会影响审稿的结论，我们就会要求作者重新进行答复。逐点回应的过程应当是一个富有成效的讨论，并不是相互攻击，因此即使审稿者的言辞看起来过于强硬，对于作者而言最好也能够去除情绪的影响。事实上，有两个途径可供作者回应审稿的意见。其中一个是在作者投稿的时候，可以直率地向编辑表达观点。但在审稿环节，作者应当注意言辞得体，但并非要淡化自己的观点或是阿谀逢迎审稿人。

使事情得到控制　与其增加新的数据和实验，作者不如花时间对审稿人提出的意见做出合乎逻辑的论证。这就是说，当审稿意见中提出了基本的技术问题或是要求提供某些缺失的东西时，作者不应该去利用论证或辩论的技巧来迷惑审稿人员。作者应当知晓什么时候该坐下来听别人的意见，什么时候该站起来争辩。作者应当认真阅读审稿意见（如果有问题可以向编辑提出），看再次提交时是否要求进行其他实验。

事情的范围　一些审稿要求可能会超出稿件的范围或者可能是行不通的。作者应当尽可能客观地回应审稿意见。如果你认为一些意见是行不通的，或者你认为实验的结果可能是无法解释的，那么就简单明了地说明。但在这两种情况下，都应当解释清楚为什么要再作实验（如有必要可指出参考文献），以及这个实验需要进行多久。但是不要试图腊肠式发表。有时候作者觉得现有的数据已经满足本次发表的需求因而保留了一些数据留给其他论文，但这样做很可能会拖延这次论文的发表时间。

◆ 5.2　对待荣誉与失败

科学研究是一个无尽的探索和创造过程。在这个过程中，成功与失败总是交织出现的。如果因为害怕失败而踟蹰不前，那么科学研究就不会进步。科学研究中的成功意味着获得荣誉，但失败也并不可怕，它常常是在告诉我们"此路不通"，从而促使我们另辟蹊径。从这个意义上讲，失败有着非常重要的价值。因此，研究人员应正确地面对荣誉与失败，超越功利，以追求科学真理为价值为主导，在科学研究的道路上不断前行。

5.2.1　正确对待荣誉

在科学研究中，科学家的职责是增进和扩展知识，因此创新在科学事业中占据着崇高的地位。对于科学来说，只有通过创造性的活动才能得以不断积累和发展；对于科学家来说，只有取得独创性的成果，才算履行了自己在科学中的职责。而科学家在科学事业中所获得的最大回报，是同行和社会的认可，科学家的个人形象也极大地取决于他所在领域中科学界同行的认可。这种认可可以用不同的形式来表示，如获得奖金、某种称号、历史记载等，这是科学家所希望获得的最大荣誉。

不同于其他行业，科学研究的成果往往会成为人类共同的知识财富。因此，对科学家来说，获得他人对自己发现、发明的承认是至关重要的。在科学活动中科学家从科学体制方面所得到的回报，就是科学共同体对于科学家在增进知识方面所做出贡献的承认和荣誉。这种授予研究人员做出首创性发现、发明的荣誉，便是优先权。优先权之争在科学发展史上似乎是一个永恒的"插曲"。在科学史上，关于科学发现优先权的争论屡见不鲜，早在近代科学的初期这种优先权之争就已出现了。比如，伽利略先是同巴尔德萨·卡帕争夺"几何相军事罗盘"的发明权，然后又在《试金者》一文中痛斥了其他4个与他争夺科学发现优先权的人。再比如，牛顿同胡克为光学和天体力学的优先权问题发生过好几次论战，尤其是在微积分的发明优先权上，他还同莱布尼茨进行了长期的论战。甚至连一向被认为谦虚羞怯的亨利·卡文迪什，也在关于是谁最先证明水的化合物性质的问题上，卷入了与瓦特及拉瓦锡的三方激烈争论之中。

按照默顿的研究，优先权之争并不是人类天性或科学家个人自我中心主义的表现，而是科学建制的规范的产物。科学建制把独创性定义为一种最高的价值，从而使得对优先权的承认成为至高无上的东西。因此，正是这些规范对科学家施加了无形的压力，使得他们把对独创性和优先权的关心放在十分重要的地位。尤其是在当今的所谓"大科学"时代，优先权之争就变得更为激烈、更为复杂了。

科学研究是对未知领域的探索工作，每一个创新的观点都是非常宝贵的。强调优先权可以鼓励科学家努力探索，对科学的进步有巨大的作用。当然，过分注重优先权也有其消极的一面，如助长虚荣心、不客观地谴责竞争对手、抢先发表不成熟的成果等，过度的争论还会导致耗费不必要的时间和精力。因此，科研人员应当正确地对待荣誉。

5.2.2　正确对待失败

回顾科学发展的历程，我们可以看到一个有趣的现象：科学是对未知领域的探索，而许多伟大的科学家都是在无数次的失败之后才获得成功，从而推动科学事业向前发展的。理性的研究人员应当能够在反复的失败中，发现自己学术观点的错误，在失败中不断地总结经验教训，进而放弃错误，找到解决问题的最佳答案。例如，发明家爱迪生为了找到一种合适的灯丝材料，煞费苦心。他几乎尝试了每一种他能够想到的丝状物，看它们在通电的情况下光效如何，经过了几千次的实验，终于找到了适合的物质——钨丝。

每每谈及这个关于爱迪生的故事，今天的科研工作者会羡慕爱迪生，因为那个时代可以给他这么多机会，让他经历几千次的失败。而在今天，随着实验成本的提高，科研资源的有限和激烈竞争，已经没有几个科研团队能够经得起上千次失败带来的打击。幸运的是，随着计算机仿真技术的不断提高，很多研究工作可以通过计算机仿真技术进行模拟，如此便大大降低了科研的经济成本，也在很大程度上提高了科研实验的成功率。但无论如何，面对失败，持之以恒的精神和虚心总结的态度，永远是研究人员的必备素养。

对于科研人员而言，自己的研究成果能够在自己有生之年得到学术界的广泛认同，是非常幸运的。但这样的幸运并不会伴随每一个科学家。英国物理学家麦克斯韦，以其天才的数学公式推导，建立了电磁波传输的理论模型，并且把光和电子波联系在一起。其著作《电磁波通论》，被后人誉为继牛顿的《自然哲学的数学原理》之后的又一伟大著作。然而遗憾的是，在他有生之年，他的理论并不被世人所接受。这导致他一生贫困潦倒，与他应有的荣誉无缘。但对科学的信仰，使他一直坚持自己的理论，即使被人们嘲笑也毫不动摇。直到他去世之后，实验物理学家赫兹，以令人无可辩驳的实验事实证明了电磁波的存在，才使人们重新翻开麦克斯韦的著作，才意识到这位伟大的天才，其眼光已经远远走在世人的前面。因此，一时的挫折并不可怕，在逆境中坚持自己的理想、信念，是获得成功的关键。

◆ 5.3　科学研究中的人际关系

除了极个别的纯理论基础研究之外，现代科研活动已经脱离了早期的只为个人兴趣、单打独斗的科研活动模式，越来越倾向于大规模复杂的团队合作。诸如航天计划、基因工程等，无不是由多部门配合，人数众多的科学家参与共同完成的。因此，科研活动中的同行、同事关系越来越重要。

科学研究中的人际关系既有普通人际关系的共性，也因科学研究和学术团体的特殊性而呈现出有别于其他工作关系的特点。科学家承担着维持、传递和创新科学知识与技术的责任。其中，维持是对既有知识技术的继承和积累；传递是将已有的或创新的知识技术作纵向（向学生、公众）和横向（同事、科学共同体成员）的传播、交流和扩散；创新是对传统科学知识和技术的突破、革新，揭示新规律、新现象，创建新理论、新定律，发明创造新技术。在这过程中，研究人员需要特别注意处理好与同行、同事之间的关系。

科学研究可能需要长时间的独立工作，但同时也在很大程度上依赖于众人的共同合作。同事之间的相处首先需要的是"集体责任感"。也许很难讲清楚什么是"集体责任感"，但是它的确无处不在，已经融入到科研生活的方方面面。实验室、学院、系，以及较大的科研单位，都需要人与人之间的相互配合。公共研究空间内的设备和空间大都是共有的（尽管每个研究人员也可能被分配到属于自己的办公空间和专属设备），爱护器材和保护设备非常重要。要尽早发现各种注意事项，如哪件设备没有特别的允许不能动，如何处理废弃物，谁负责安全等实验室生活中有关相互配合的方方面面。比如，当实验室的红外谱仪不能运转时，当实验蒸馏水溢出时，或是 pH 计出现故障时，不能若无其事地走开，应及时报告，以便有专人安排修理。千万不要认为只需要整理自己的那一间小小办公室即可，而整理实验室等公共空间只是别人的事，与自己无关。事实上，当你进了这个实验室，实验室的一切便都"与你相关"了。实验室里的每个人对集体都负有责任，切不可认为像整理实验室这样乏味的工作是技术人员的事情，参与实验室中一些最平常、最琐碎的事情，能够让你赢得更多的尊重。实验室里每个人都要有"集体责任感"，实验室生活中的许多事情都需要每个同事之间相互配合。

此外，同事之间的互助也非常重要。一个实验室的同事朝夕相处，可以同属一个大实验室，或者同属一个课题组。同事们之间乐于互相帮助，更加有助于提升团队合作的效率。在成功的实验室中，人们总是乐于相互帮助。实验室中的研究人员，可能会被指派去帮助指导另一位资历更浅的人员，多花些时间在这件事上是很值得的。作为一名新来的成员，也同样应当给予他人善意的支持，尽可能为别人提供帮助。

在由工作关系紧密的人所组成的团队中，不同人具有不同的性格和为人处世之道，经常存在着各种各样的问题。也许某个人显得特别难以相处，也许大家的性格相互冲突，或许实验室领导对某个成员显得特别偏爱，或者实验室主任对于那些造成了负面影响的不合理行为不闻不问。这样的情形在实际生活中总是不可避免地出现，作为一位负责任的实验室成员，尽可能开诚布公地面对，尽可能地回避这种个人恩怨的纠缠，避免散布闲言碎语或拉帮结派。但如果问题关系重大，也要尽量得体地与实验室的资深人员或实验室主任谈论。

在科学研究中，还有一个常让研究人员两难的事情，即无意中发现了同事的科研不端行为后，是否揭发及如何揭发的问题。下面就是一个这方面的情景案例。

情景案例 5.3

刘某去年博士毕业后，进入了某化学研究所吴教授的实验室。这两天他看文献时无意发现实验室同事陈某 2007 年发表的两篇文章的题目非常相似。细读之下，他发现，两篇文章的摘要、引言、研究对象，以及部分关键数据、实验方法都相同，但结果却不相同。这两篇文章分别发表在两个不同的国外期刊上，且相互没有引用。这两个期刊都是 SCI 收录的，影响因子不同，一个是一点多，一个是三点多。

刘某觉得陈某的这种发表行为很不对。他在私下里跟陈某表达了自己的看法，但陈某表示自己并不是故意的。两篇文章中所设计的研究工作都是自己完成的。当时他觉得研究已经取得了进展，就撰写了论文投稿发表。之后他继续做了一些实验，发觉原来的设想有问题，所以又重新写了一篇论文。

刘某认为，即使陈某所述为实情，那么陈某在发表第二篇论文时，也应该引用第一篇论文。陈某则认为自己既没有剽窃，又没有伪造、篡改数据，虽然两篇文章有重复，但并不是什么严重的问题，况且自己已经将两篇文章作为自己的成果列入了研究所论文库中，因此现在也不可能改变什么了。

刘某不认同陈某的观点，他认为这种行为属于明显的重复发表，是国际期刊所不允许的行为。他想直接给两个期刊的主编发信，但又很犹豫。他想到自己是刚入实验室的新人，而陈某则已经在实验室工作了 10 年。如果自己这时候去揭发陈某的行为，可能会让自己以后在实验室难以立足。最后，他决定将此事告诉吴教授，由吴教授来处理。

很多不端行为都是由科学家"内部"发现的，在科学圈外面的人是很难发现的。究其原因，首先，这是由科学的专业性决定的。科学事业必须是经过严格的学科训练的专业人员才能从事。特别是科学发展到今天，各个学科都在之前的基础上往纵深方向发展，专业分化越来越细，科研工作者的分工也越来越细，就算在同一个学科的不同研究方向之间也有"隔行如隔山"的尴尬。所以，如果没有一定的专业知识，一般不会查阅专业文献，也很难识别不端行为。其次，检验不端行为，除了进行相关的文献分析、数据分析之外，更重要的是重复实验。科学真实性、客观性的核心就是实验、数据的可重复性。也就是说，在一般情况下，同一个科学实验只要实验条件和过程相同，其数据和结果都是可以重复的。但是如果要用实验检验，就必须要有相关的实验设备和操作技术，这是一般人无法做到的。因此，一般只有科学共同体才能够发现不端行为。从这个意义上讲，发现同事的科研不端行为并予以揭发，对科学的健康发展至关重要。倘若有能力发现的人没有发现，或者发现之后又置若罔闻，那么一些不端行为就可能被一直掩盖，腐蚀着科学发展的根基。

揭发不端行为的人，或许可能要为他们的行为付出代价，这也是揭发人非常担忧的事情。报复不仅有来自被举报人的报复，还有来自更大的学术和科学群体内部的报复，如被孤立、被辞退或得不到晋升等。尽管存在如此风险，但一项由美国科研诚信办公室（ORI）组织的调查发现，在报告学术不端事件后但没有受到不利影响的举报人中，有超过90%的人表示他们仍然会选择这么做；而在遭受负面影响的举报人中，有75%的人表示他们仍然会举报学术不端行为。[①] 揭发不端行为源自对科学道德标准和科学真理的坚持。因此，为了科学事业的发展，研究人员有责任站出来揭发不端行为，即使不端行为者是自己的同事、同学，也要予以揭发，从而维护科学研究的崇高和荣誉。

◆ 5.4　科学研究对象的保护

对科学研究的对象进行保护，源于科学研究的根本目的和人类伦理的基本准则。科学研究的根本目的是发展人类的物质文明和精神文明，但倘若为了研究结果而罔顾研究过程，损害研究对象的利益，则是有悖科学研究的根本目的和人类伦理的基本准则的。

有关研究对象保护问题的讨论虽然由来已久，但是真正引起了人类社会

---

① Pascal C B. Complainant Issues in Research Misconduct: the Office of Research Integrity Experience. http://ori.hhs.gov/documents/Complainantarticle-Pascal-8-06.pdf

广泛关注，还是从第二次世界大战（简称二战）期间及之后的一系列事件开始。二战时，德国纳粹医生和研究人员在集中营用人体做实验。那些本来应用于治病的生物医学技术，却被以惨无人道的试验手段作用于非自愿接受的人群，本该救人的白衣天使却成了残害生命的魔王。一系列暴行激起了人们巨大的愤怒，这些医生和研究人员最终成了纽伦堡法庭正式判决的对象。他们被控犯有违反人道罪，参与制定和起草了对重残病人和犹太人、吉普赛人的"无痛致死纲领"，组织和指导了利用集中营囚犯进行非人道的活人试验，并企图推广到被占领国家的所谓高效率的绝育手术试验中。

这个审判使得社会开始反思科学技术，尤其是医学发展所必须要面对和防止的无法被接受的风险，也使得生物医学伦理学意义上的生物医学伦理具有了历史的合法性。纽伦堡法庭特别强调了个人的独立性，其中包括对人进行的一切研究必须事先告知并征得个人自愿的严格要求。这一原则后来在许多国际集会上得到再次确认，成为生物技术伦理尤其是医学伦理的一个基本原则。之后，于 1947 年制定了《纽伦堡法典》的世界医学协会又发表了其他宣言，如 1964 年的《世界医学协会赫尔辛基宣言》、1975 年的《东京宣言》等。

近几十年来，科学技术的发展和应用范围的扩展，研究对象越来越复杂，其所带来的社会风险和伦理问题也越来越多。诸如克隆技术、干细胞研究、基因组研究等生物技术前沿研究中的研究对象保护问题，成了近年社会关注的热点问题。

5.4.1　对人类受试者的保护

研究对象的保护最受关注的是人类受试的保护问题。人类受试是指直接以人作为研究对象开展相关科学研究的过程。人类受试试验被广泛运用于生物学、心理学、医学及社会科学等领域。在试验中，人类受试是获取数据资料有效的手段。

有关人类受试伦理问题的讨论也是源于生物医学和健康研究的一系列历史教训，包括纳粹德国涉及人的研究，二战中日本 731 部队的细菌战研究、美国 Tuskegee 梅毒研究等一系列著名案件。在今天生物医学等相关学科快速发展的形势下，人类受试产生了更多的科研伦理和道德方面的问题，引起了社会和科学界的高度关注。

鉴于人类受试者作为研究对象的特殊性，科研人员首先要了解和遵守相关国际公约、国内相关的法律法规。国际上关于人类受试者保护的重要文件有：《纽伦堡法典》《世界医学协会赫尔辛基宣言》《人体生物医学研究的国际准则》《关于对人体进行生物医学研究的国际原则建议案》《世界人类基因组暨人权宣言》《欧洲生物暨医学应用之人权与人性尊严保护公约》，等等。我国也相继出台了多部政策法规，如卫生部颁布的《涉及人的生物医学研究伦理审查办法（试行）》《人体器官移植条例》等。

伦理审查制度是目前国际上通行的保障研究对象权益的约束机制。很多国家包括我国的相关政策法规都规定，涉及人类受试者的研究活动，需要先获得专门机构的审批许可，否则这项科研工作从一开始就是非法行为。此外，还需要熟悉国际上一些通行的惯例和做法。

根据我国《涉及人的生物医学研究伦理审查办法（试行）》第六条规定："开展涉及人的生物医学研究和相关技术应用活动的机构，包括医疗卫生机构、科研院所、疾病预防控制和妇幼保健机构等，设立机构伦理委员会。机构伦理委员会主要承担伦理审查任务，对本机构或所属机构涉及人的生物医学研究和相关技术应用项目进行伦理审查和监督；也可根据社会需求，受理委托审查；同时组织开展相关伦理培训。"

目前，国际上众多的涉及生物医学领域的期刊在投稿要求中对伦理审查和实验对象的保护有专门的描述。例如，国际医学期刊编委会制定的《向生物医学期刊投稿的统一要求》，自 1979 年首次发布以来，历经多次补充、修订和完善，逐渐成为全球生物医学领域学术研究和论文发表的共同规范。我国也不例外，根据我国卫生部 2007 年发布的《涉及人的生物医学研究伦理审查办法（试行）》第十七条中的规定："在学术期刊发表涉及人的生物医学研究成果时，研究人员应出具该项目经过伦理委员会审查同意的证明。"

情景案例 5.4

小王和小李是国内某生命科学研究机构的博士生，主要从事某种植物提取物对人类血糖水平影响的研究。在项目研究的最后临床试验阶段，小王和小李考虑到联系当地的大医院申请临床试验手续烦琐、审查严格，按正常程序可能会对他们完成学位论文造成影响。迫于毕业的压力，时间宝贵，正好小李的父亲是家乡县城医院的院长，于是他们便联系了小李父亲所在的医院，顺利完成了临床试验。但小王和小李所在研究机构的伦理委员会经过审查监督，认为他们没有按照规定在本单位认可的医疗机构进行临床试验，而且没有充分保障病人的知情同意权，因此拒绝出具伦理审查证明。

面对这种情况，小王和小李在与本单位的伦理委员会沟通交涉的同时，把研究论文投给了本领域的国际某著名学术刊物，其结果是可想而知的。由于没有获得伦理审查机构出具的审查同意的证明，患者知情同意书的内容和格式也不符合要求，他们几年辛苦努力的成果发表希望渺茫，这让小王和小李后悔不迭。

生物医学领域是涉及人类受试研究较多的领域。科研人员特别需要关注和了解国际、国内相关的法规政策及惯例。上述案例表明，无论是科研人员还是学生，如果希望自己的研究成果能够在国内外学术期刊上发表，自己的研究工作能够与国际同行交流、获得认可，遵守国际通行的伦理原则是必不可少的。

进行涉及人类受试者的研究时，研究人员必须注意：首先，这样的研究应当是必需的、无可替代的，用其他研究方法或手段无法达到预期的目的，并已经经过模拟试验或动物实验，到了必须进行人类受试者试验的阶段。其次，在科研项目开展前，应按照有关规定获得机构伦理委员会的审查批准，并严格按照批准的研究计划开展研究工作。需要进行伦理审查的研究项目应当向伦理委员会提交伦理审查申请表、研究或者相关技术应用方案，以及受试者知情同意书等。

而从研究结果来说，涉及人类受试者的研究，应该是确信能收到对社会，以及对受试者个人有利的、富有成效的结果。在这里，有利原则包含两层意思：一是研究的目的和动机应当是为了科学的发展和社会的利益，如果只是为了研究者自己谋取名利，那么应当禁止这样的研究；二是受试者个人的福祉应当高于科学和社会的利益，如果一项研究试验，虽然能解决科学上的问题，但对受试者来说，所造成的伤害大于他能从受试上获得的利益（该利益并非金钱利益），那么就应当禁止这样的试验。牺牲受试者个人利益换取科学和社会利益，是一种违背职业道德的行为。

人类受试伦理问题是从一些案例，以及长期的生物研究、医学研究及实践中被不断地提出来的，在这个过程中，社会也在不断地总结相关的可被接受的共同原则，并逐步地强化和推广这些原则。这些伦理原则主要涉及这样几个方面：知情同意、隐私保护、伦理审查、利益冲突。

受试者知情同意是非常重要的原则。它要求试验的相关信息应当是充分全面的，能够为受试者做出自己的判断提供直接的依据和参考。实际上，在医药临床试验中，提供不完全信息从而影响受试者做出真实判断的事例仍然存在。比如，只对受试者这样介绍："有一种新药治疗你的病效果很好，现正在进行临床试验，并且是免费的，要不要试试?"这句话包含了三个关键词："效果很好""临床试验""免费"。其中"效果很好"和"免费"对受试患者来说都是通俗易懂、有吸引力的词汇，而"临床试验"这个对受试患者做出选择的非常关键的词，则恰恰是专业晦涩的，容易被患者忽略。

《世界医学协会赫尔辛基宣言》规定了涉及人体对象医学研究的伦理准则。这份宣言是关于以人作为受试对象的生物医学研究的伦理原则和限制条件，也是关于人体试验的第二个国际文件，比《纽伦堡法典》更加全面、具体和完善。

《世界医学协会赫尔辛基宣言》人体医学研究的伦理准则摘录（节选）

11. 在医学研究中，医生有责任保护研究受试者的生命、健康、尊严、完整性、自我决定权、隐私，以及为研究受试者的个人信息保密。

12. 涉及人类受试者的医学研究必须遵循普遍接受的科学原则，必须建立在对科学文献和其他相关信息的全面了解的基础上，必须以充分的实验室实验和恰当的动物实验为基础。必须尊重研究中所使用的动物的福利。

13. 在进行有可能危害环境的医学研究的过程中，必须谨慎从事。

14. 涉及人类受试者的每一项研究的设计和实施必须在研究方案中予以清晰的说明。方案应该包含一项关于伦理考虑的说明，应该指出本宣言所阐述的原则如何贯彻执行。方案应该包括下列信息：研究的资金来源、资助者、所属单位、其他潜在的利益冲突、对受试者的激励，以及对那些由于参加研究而遭受伤害的受试者提供的治疗/补偿。方案应该说明，在研究结束后如何为研究受试者提供本研究确定为有益的干预措施或其他相应的治疗受益。

15. 在研究开始前，研究方案必须提交给研究伦理委员会进行考虑、评论、指导和批准。该委员会必须独立于研究者、资助者，也不应受到其他不当的影响。该委员会必须考虑进行研究的所在国的法律和条例，以及相应的国际准则或标准，但不可允许这些削弱或取消本宣言所提出的对研究受试者的保护。该委员会必须拥有监测正在进行的研究的权利。研究者必须向该委员会提供监测信息，尤其是有关任何严重不良事件的信息。如果没有该委员会的考虑和批准，研究方案不可更改。

16. 只有受过恰当的科学训练并合格的人员才可以进行涉及人类受试者的医学研究。在病人或健康志愿者身上进行的研究要求接受有资格且有能力的医生或其他医疗卫生专业人员的监督。保护研究受试者的责任必须始终由医生和其他医疗卫生专业人员承担，而绝不是由研究受试者承担，即使他们已经同意了。

17. 仅当医学研究为了弱势或脆弱人群或社区的健康需要和优先事项，且该人群或社区有合理的可能从研究结果中获益时，涉及这些人群或社区人群的医学研究才是正当的。

18. 每一项涉及人类受试者的医学研究开始前，都必须仔细评估对参与研究的个人和社区带来的可预测的风险和负担，并将其与给受试者及受所研究疾病影响的其他个人和社区带来的可预见受益进行比较。

19. 在招募第一个受试者之前，每一项临床试验都必须在公开可及的数据库中注册。

20. 除非医生确信参与研究的风险已得到充分评估且能得到满意处理，否则医生不可进行涉及人类受试者的研究。当医生发现风险超过了潜在的受益，或已经得到阳性和有利结果的结论性证据时，医生必须立即停止研究。

21. 只有当研究目的的重要性超过给研究受试者带来的风险和负担时，涉及人类受试者的医学研究才可进行。

22. 有行为能力的人作为受试参加医学研究必须是自愿的。虽然征询家庭成员或社区领导人的意见可能是合适的，但除非有行为能力的受试本人自由同意，否则他/她不可以被征召参加医学研究。

23. 必须采取各种预防措施以保护研究受试者的隐私，必须对他们的个人信息给予保密，以及必须将研究对他们身体、精神和社会完整性的影响最小化。

24. 在涉及有行为能力的受试者的医学研究中，每个潜在的受试者都必须被充分告知研究目的、方法、资金来源、任何可能的利益冲突、研究者所属单位、研究的预期受益和潜在风险、研究可能引起的不适及任何其他相关方面。必须告知潜在的受试者，他们有权拒绝参加研究，或有权在任何时候撤回参与研究的同意而不受报复。应该特别注意个体的潜在的受试者的特殊信息要求和传递信息所用方法。在确保潜在的受试者理解信息之后，医生或另一个具备合适资质的人必须获得潜在的受试者自由给出的知情同意，最好是书面同意。如果不能用书面表达同意，那么非书面同意必须正式记录在案，并有证人作证。

25. 对于使用可识别身份的人体材料或数据进行的医学研究，医生必须按正规程序征得受试者对于采集、分析、储存/再使用材料和数据的同意。在获取参与这类研究的同意不可能或不现实，或会给研究的有效性带来威胁的情况，只有经过研究伦理委员会的考虑和批准后，研究才可进行。

26. 在征得参与研究的知情同意时，如果潜在的受试者与医生有依赖关系，或者可能在胁迫下同意，则医生应该特别谨慎。在这种情形下，应该由一位完全独立于这种关系的具有合适资质的人员去征得知情同意。

27. 对于一个无行为能力的潜在受试者，医生必须从合法授权的代表那里征得知情同意。不可将这些人包括在对他们不可能受益的研究内，除非这项研究意在促进这些潜在受试者所代表的人群的健康；该研究不能在有行为能力的人身上进行，以及该研究只包含最低程度的风险和最低程度的负担。

28. 当一个无行为能力的潜在受试者能够赞同参与研究的决定时，除了获得合法授权代表的同意外，医生必须获得这种赞同，潜在的受试者的同意。潜在受试者的不同意应该得到尊重。

29. 受试者在身体或精神上不能给予同意，如无意识的病人，那么仅当使这些受试者不能给出知情同意的身体或精神上的病情是研究人群必须具备的特征时，涉及这类受试者的研究才可进行。在这种情况下，医生应该从法律授权代表那里征得知情同意。如果没有这样的代表，并且该研究不能被推迟，那么这项研究可以在受试者没有知情同意的情况下进行，如果在研究方案中已经说明为什么要那些具有使他们不能给予知情同意的病情的受试者参与研究的特殊理由，且该研究已经被研究伦理委员会批准，应尽快从受试者或其法律授权代表那里征得继续参与这项研究的同意。

30. 作者、编辑和出版者在发表研究结果的时候都有伦理义务。作者有义务使他们在人类受试者身上进行的研究的结果公开可得，对他们报告的结果的完整性和准确性负责。他们应该坚持公认的合乎伦理的报告原则。阴性结果、不能给出明确结论的结果和阳性结果均应发表或使其能公开可得。资金来源、所属单位和利益冲突都应该在发表的时候说明。不符合本宣言原则的研究报告不应该被接受和发表。

5.4.2 对实验动物的保护

在科学研究中，动物实验作为一种重要的研究工具被广泛使用。动物实验是以动物为载体，在特定的条件下进行特定的处理，以得到预期结果的过程。动物实验是人类生命科学研究不可缺少的手段和方法。以动物作为替身接受各种实验，使人类免受试验可能导致的危害。动物实验对保证人类健康和推动整个生命科学发展发挥了重要的作用。

实验动物是为了科学研究的目的，而在符合一定要求的条件下饲养的动物，整个生命过程完全受到人为的控制，并在人为控制的条件下承受实验处理。因此，如何保证动物福利，不仅是动物自身的需要，也是保证实验结果科学、可靠、准确、可信的基本要求。

有关实验动物保护问题很早就引起了社会的关注。1822年，英国人道主义者马丁就提出了禁止虐待动物的议案并获得通过，该议案首次以法律条文的形式规定了动物的利益，成为动物福利保护史上的里程碑。随后，世界许多国家相继制定和通过了禁止虐待动物的法律。例如，法国1850年通过了反虐待动物的法律；爱尔兰、德国、奥地利、比利时等国也先后通过反虐待动物的法律。1866年美国通过了反虐待动物的法律，虽比其他国家晚了40多年，但其适用范围已不仅限于猪、马、牛、羊等大家畜，还包括野生动物和家养动物。到20世纪中后期，世界上大多数国家都先后制定了反虐待动物的法律，一些国际组织还签订了国际公约。

实验动物保护的基本出发点是让动物在安乐（well-being）的状态下生存和在无痛苦的状态下死亡。动物福利是实验动物得到保护的具体体现，是指在饲养管理和使用实验动物过程中，要采取有效措施，使实验动物免遭不必要的伤害、饥渴、不适、惊恐、折磨、疾病和疼痛，保证动物能够实现自然行为，受到良好的管理与照料，为其提供清洁、舒适的生活环境，提供充足的、保证健康的食物、饮水，避免或减轻疼痛和痛苦等。

1959年，英国动物学家威廉·拉塞尔（William Russell）和微生物学家雷克萨·伯奇（Rex Burch）最早提出了对待实验动物的3R系统理论。3R，即替代（replacement）原则、减少（reduction）原则和优化（refinement）原则三个英文单词的字头。3R原则逐渐得到世界范围内广大科技工作者的认同，并被广泛采用。特别是近20年来，随着生物技术的快速发展，人们对3R的理解不断深化，3R的概念也不断得到扩展。

（1）减少原则。减少原则是指在科学研究中，在动物实验时，使用较少量的动物获取同样多的试验数据或使用一定数量的动物能获得更多的试验数据的科学方法，减少的目的不仅仅是降低成本，更在于用最少量的动物达到所需要的目的，同时也是对动物的一种保护。比如，如果在实验方案的设计上更加缜密一些，在操作过程中更精细一些，那么可以用10只小鼠就能完成的实验，就不要多用1只。但是，如果减少实验动物的用量影响到研究的有效性，达不到统计学的要求，反倒会造成实验资源的浪费。所以，在用量的确定上，要通过统计学手段和技术进行精准的计算，使之尽量在一个最优的数量刻度上。

（2）替代原则。替代原则是指使用没有知觉的实验材料代替活体动物，或使用低等动物替代高等动物进行试验，并获得相同实验效果的科学方法。实验动物的替代物包括范围很广，所有能代替整体实验动物进行试验的化学物质、生物材料、动植物细胞、组织、器官，计算机模拟程序等都属于替代物，也包括低等动物植物（如细菌、蠕虫、昆虫等），小动物替代大动物（如转基因小鼠替代猴，进行脊髓灰质炎减毒活疫苗的生物活性检测等），同时也包括方法和技术的替代（如用分子生物学方法，代替动物实验来鉴定致癌物活遗传毒性的遗传毒理学体外实验方法等）。

（3）优化原则。优化原则是指在必须使用动物进行有关实验时，要尽量减少非人道程序对动物的影响范围和程度，可通过改进和完善实验程序，避免减少或减轻给动物造成的疼痛和不安，或为动物提供适宜的生活条件，以保证动物的健康和康乐，保证动物实验结果可靠性和提高实验动物福利的科学方法。优化原则最充分地体现了动物应当享有的"福利"。科研机构和研究人员除了为实验动物提供较好的安置场所和食物外，还应当用受过专门训练的工作人员来进行实验操作，应当对学生进行必要的动物实验操作培训。这既是对实验动物的保护，也能提高动物实验的精准度。

1988 年，我国颁布了《实验动物管理条例》，2006 年科技部又发布了《关于善待实验动物的指导性意见》，对饲养、应用、运输过程中善待实验动物的要求和操作规程进行了明确规定，还明确指出了属于虐待实验动物的行为，并对行为所要承担的后果做出明确规定。

《关于善待实验动物的指导性意见》中有关虐待实验动物的规定（节选）

第二十七条 有下列行为之一者，视为虐待实验动物。情节较轻者，由所在单位进行批评教育，限期改正；情节较重或屡教不改者，应离开实验动物工作岗位；因管理不妥屡次发生虐待实验动物事件的单位，将吊销单位实验动物生产许可证或实验动物使用许可证。

1. 非实验需要，挑逗、激怒、殴打、电击或用有刺激性食品、化学药品、毒品伤害实验动物的；

2. 非实验需要，故意损害实验动物器官的；

3. 玩忽职守，致使实验动物设施内环境恶化，给实验动物造成严重伤害、痛苦或死亡的；

> 　4. 进行解剖、手术或器官移植时，不按规定对实验动物采取麻醉或其他镇痛措施的；
>
> 　5. 处死实验动物不使用安死术的；
>
> 　6. 在动物运输过程中，违反本意见规定，给实验动物造成严重伤害或大量死亡的；
>
> 　7. 其他有违善待实验动物基本原则或违反本意见规定的。

5.4.3　对其他研究对象的保护

广义上讲，无论是自然科学研究中对山河、湖泊、矿产资源，还是社会科学研究中对文物、历史遗迹、传承文化，我们对任何研究对象都有保护的责任和义务。尤其是文物资源、动植物和人类化石、自然景观、历史遗迹及非物质文化遗产，它们是自然或前人留给我们的宝贵的、具有唯一性的财富，极具科学价值和文化价值，有的一旦毁损将造成无法弥补的后果，因此一定要谨慎平衡好研究开发和保护传承的关系，做好保护工作。

（1）文物资源的保护。对文物资源的保护，很多国家都有专门的法律规定。1982 年我国制定了《中华人民共和国文物保护法》，2007 年进行了第三次修正。2003 年通过了《文物保护法实施条例》，对文物保护的主管部门和具体措施、考古发掘、馆藏文物、民间收藏文物、文物进出境等进行了详细规定，明确了相关的法律责任。另外，各省市也制定了地方文物保护的法规。开展文物资源的科学研究，必须要遵守我国的文物保护法律法规。以科学研究为目的的文物资源的利用，研究人员应当将文物的保护放在第一位，取得成果放在第二位。

（2）化石的保护。见证了沧海桑田的化石是古生物学界、地质学界进行科学研究的重要工具。古猿、古人类和古脊椎动物化石属于我国文物保护法的保护范围。2011 年我国颁布了《古生物化石保护条例》，对古生物化石的保护有了明确的法律依据。在科学研究过程中，必然要对化石采取各种方法和手段加以分析，包括酸洗、切片、软 X 射线透视等，正规的科研单位都制定严格的操作规程，研究人员应当严格遵守操作规程。对化石造假的行为，研究人员要坚决抵制，防止大量化石在改头换面的过程中遭到毁灭性的破坏。

（3）非物质文化遗产的保护。2003 年，联合国教科文组织通过了《保护非物质文化遗产国际公约》，对语言、歌曲、手工技艺等非物质文化遗产的保护做出了必要规定。2011 年我国颁布了《非物质文化遗产保护法》，明确界定了我国非物质文化遗产的概念、表现形式，对非物质文化遗产的调查、传承与传播的程序和内容做了规定，建立了国家级和地方非物质文化遗产代表性项目名录。在研究非物质文化遗产的过程中，要充分尊重传承人和传承地区的文化习俗、习惯，认识到商业开发的价值始终是建立在非物质文化遗产得以完整保存和延续的基础之上的。

延伸阅读书目

1. 赫尔曼．真实地带：十大科学争论．赵乐静译．上海：上海科学技术出版社，2005.

2. 威廉·布罗德，尼古拉斯·韦德．背叛真理的人们：科学殿堂中的弄虚作假．朱进宁，方玉珍译．上海：上海科技教育出版社，2004.

3. 利维．科学争论．张雷，等译．长沙：湖南科技出版社，2011.

4. 翟晓梅，邱仁宗．生命伦理学导论．北京：清华大学出版社，2005.

5. 张新庆，杨师．历练你的生命智慧——解读生命中的伦理难题，北京：科学普及出版社，2007.

6

科学家的社会责任

　　科学对于人类社会的作用，已经为大家所熟知，只要平常稍稍注意周围的事物，便会发现科技的力量无处不在，小到日常用品，大到飞机火车，无处不体现着科学技术给人类生活带来的方便与快捷。但是，科学技术的发展及其应用也带来了许多困扰人类的现实难题甚至危机，原子弹、环境污染、克隆技术等使得人们经常陷入对科学技术利与弊、优与劣的思考，这些问题也直接引发了对"科学家的社会责任"问题的探讨。基于此，本章通过分析"科学家的社会责任"问题，希望研究人员及未来的研究人员能更好地理解科学与社会的互动关系，以及科学的不确定性，以便更好地开展科学研究，并努力使得科学成为使所有人受益的共同财富。

　　本章首先从曼哈顿计划和 DNA 重组讨论两个事件入手，回顾"科学家的社会责任"问题的由来及演进，然后从科学的利益相关性和不确定性两方面分析科学家为什么要承担社会责任，最后结合时代要求具体阐述科学家应承担的各种社会责任。

◆ 6.1 "科学家的社会责任"问题的由来及演进

　　从历史上看，对"科学家的社会责任"的认识，并不是在科学家社会角色的出现或科学作为一个社会建制时开始的，而是人们在寻找解决科学技术带来的不良后果的办法时才认识到的。20 世纪 30 年代，以贝尔纳、李约瑟、斯诺等为代表的一批英国学者首先明确地提出"科学家的社会责任"问题。

例如，贝尔纳在其《科学与社会》《科学的社会功能》等著作中论述了"科学与战争""科学与政治""科学的应用"等问题，强调科学和科学家在为人类服务和社会改造中应负有的使命。二战，特别是曼哈顿计划，以及广岛、长崎的原子弹爆炸，把"科学家的社会责任"问题尖锐地突显出来，并使得科学家对其"社会责任"有了更为深刻的领悟。

6.1.1　曼哈顿计划及其影响

曼哈顿计划作为 20 世纪大科学的经典案例，在科学组织与项目管理、科学与政治等方面富有深刻的意义。与此同时，曼哈顿计划不仅体现了反法西斯战争中科学家的社会责任意识，而且它的结果，尤其是它所带给科学家们的困惑，对于今天进一步去思考科学家应如何履行自己的社会责任，也会带来有益的启示。

案例 6.1①

第二次世界大战前夕，德国科学家奥托·哈恩（Otto Hahn）和弗里茨·斯特拉斯曼（Fritz Strassmann）在核裂变研究方面，取得了较大的进展。他们发现，当用中子去轰击铀原子核时，铀原子核会分解成质量相等的两半，并释放出巨大的能量。这个发现引起了科学界的轰动，当时很多科学家对德国可能把核裂变用于军事用途感到担忧。

当流亡在美国的匈牙利籍物理学家里奥·西拉德（Leó Szilárd）得知德国禁止被其占领的捷克铀矿石出口时，马上意识到德国可能正在研制核能炸弹。1939 年 8 月，里奥·西拉德与在美国的匈牙利籍爱德华·泰勒（Edward Teller）、尤金·维格纳（Eugene Wigner）磋商后起草了一封信，在爱因斯坦签名后转交给罗斯福总统。信中说明了世界上关于原子核的研究情况和可能的结果，提请美国政府给予此事以高度的重视，并建议美国政府支持铀核裂变的研究。

罗斯福总统在收到信件后，于 1939 年 10 月成立铀咨询委员会（the Advisory Committee on Uranium），开始关注铀核裂变问题。在一些英国

---

① Hewlett R G，Anderson O E. The New World，1939—1946. University Park：Pennsylvania State University Press. 1962：40-41；Leslie G. Now it Can be Told：The Story of the Manhattan Project. New York：Harper & Row. 1962：61-63；翠屏山，左阳. 著名项目范例简析——曼哈顿工程. 经济，2010，（9）：124-127；爱因斯坦. 爱因斯坦文集（第三卷）. 许良英，赵中立，张宣三编译. 北京：商务印书馆，1979：177-178.

和美国科学家的呼吁和推动下，美国国防研究会（National Defense Research Committee）组织研究人员开始研究铀，特别是铀-235同位素。1941年6月，罗斯福总统颁布8807号行政令，创建科学研究与发展局（Office of Scientific Research and Development），并成立 S-1 委员会替代此前国防研究会的相关铀的机构。1941年10月，罗斯福总统批准研制原子弹。

1942年年初，美国科学家虽然对原子弹的机制及应该努力的方向，甚至费用和时间都有了大致的构想，但核研究的庞大工程已经超过了科学研究机构的能力，当时美国也没有一家工业公司能在短期内完成有关生产设施的建设。时任科学研究与发展局局长的布什（Vannevar Bush）在1942年3月给罗斯福总统的报告中，强调了原子弹研制的光明前景，提出把全部的研制和生产管理移交给军队。同年6月布什给罗斯福准备了一份将核计划全部交给军队领导执行的详细报告。罗斯福总统立即批复了布什的报告。

至此，美国的原子弹研制计划正式开始。由于研制计划的总部设在纽约市曼哈顿区，因此原子弹研制计划称为"曼哈顿计划"。曼哈顿计划由美国军事工程部的马歇尔（Colonel Marshall）上校负责。在技术方面，由康培顿（Arthur Compton）、劳伦兹（Ernest Orlando Lawrence）和尤里（Harold Clayton Urey）三名诺贝尔奖获得者领衔，组建了强大的研究阵容。康培顿在芝加哥大学成立了名为冶金研究所的机构，专门负责生产钚原料的研究开发；劳伦兹于加利福尼亚大学的放射线研究所中开始了以电磁分离法来提取铀原料的工作；哥伦比亚大学的尤里则负责提取铀原料的气体扩散法研究。

1942年9月，为提高效率，政府战时办公室和军队高层领导决定任命陆军工程部队格罗夫斯（Leslie Groves）准将为工程总负责人，代替马歇尔上校，将所有分散在军队、大学和各实验室研制原子弹的单位联合起来。格罗夫斯在上任后不到48小时内就成功地把计划的优先权升为最高级，并选定田纳西州的橡树岭作为铀同位素分离工厂基地。

同年10月，在康培顿的推荐下，格罗夫斯任命理论物理学家奥本海默（Robert Oppenheimer）筹建一个新的快中子反应和原子弹结构研究基地（project Y），这就是后来闻名于世的洛斯阿拉莫斯实验室。在奥本海默的领导下，费米、玻尔、费曼、冯·诺伊曼、吴健雄等大量著名的科学家都曾参与其中。

曼哈顿计划在顶峰时期曾经起用了 53.9 万人，总耗资高达 25 亿美元。这是在此之前任何一次武器实验所无法比拟的。经过 3 年的努力，到 1945 年年初，制成 3 颗原子弹。1945 年 7 月 15 日，代号为"三一"（trinity test）的原子弹试验在新墨西哥州阿拉莫戈多试爆成功，曼哈顿计划宣告结束。

1945 年 8 月 6 日和 9 日，美国分别在日本的广岛和长崎投下了原子弹。

1946 年 7 月，在原子弹研制成功一周年之际，美国参、众两院经过激烈的争论，通过了一项由参议员麦克马洪提出的议案。杜鲁门总统于 8 月 1 日签署命令，提案开始正式生效，这就是《1946 年原子能法令》。1946 年年底，杜鲁门总统将原"曼哈顿计划"的全部财产和权力移交给原子能委员会。

（1）科学家在曼哈顿计划中的责任感与困惑。在曼哈顿计划中，汇集了以奥本海默为代表的一大批来自世界各国的科学家。科学家人数之多简直难以想象，在某些部门，带博士头衔的人甚至比一般工作人员还要多，而且其中不乏诺贝尔奖得主。应该说，曼哈顿计划的成功实施离不开科学家所做出的贡献，充分地表现了科学家的责任意识。也正因为如此，曼哈顿计划给科学家带来了极大地困惑和良心上的自责。

第一，科学家的责任意识直接推动了曼哈顿计划的启动。在哈恩和斯特拉斯曼发现核裂变和链式反应后，以西拉德为代表的一批科学家很快意识到纳粹德国很可能正在研制核能炸弹，并且这种武器一旦被德国掌握，人类的未来不堪设想。他们一方面想到要积极加强研究，审慎地对待已获得的研究成果，不轻易发布任何有关核研究方面的信息。事实上，在得知核裂变现象的事实后，西拉德立即联想到该过程将放出复数中子的可能，并且很快在实验中确认了每个原子核的裂变将平均释放两个中子的现象。考虑到研究将导致严重甚至是危险的后果，一方面他和合作者仅仅将这个发现以"致编者的信"的形式寄给美国的《物理评论》，在通知他们该项发现的同时，要求编委会暂时不要发表。另一方面则想尽办法去延迟德方在同一工作上的进展，其中一个重要措施是，使德国方面无法获得推进该项工作所必需的原料，并拜会爱因斯坦，希望能以爱因斯坦的名义给比利时女王去信，告知不把铀（当时世界最重要的铀矿产地是在比利时统治下的刚果）卖给德国。由此便产生了那封著名的爱因斯坦"为原子能问题给罗斯福总统的信"[①]。

---

① 杨舰，刘丹鹤．曼哈顿工程与科学家的社会责任．哈尔滨工业大学学报（社会科学版），2005（4）：1-6．

1952 年，爱因斯坦在日本《改造》杂志上指出，"在原子弹的制造方面，我所参与的就只一件事：我签署了一封给罗斯福总统的信。在那封信中我强调有必要进行大规模的实验，来实现原子弹的制造。我完全明白，如果这些实验证明是成功了，那该是威胁人类可怕的危险。可是我却感到非采取这一步骤不可，因为（当时）看来很可能德国人也会抱着完全成功的希望在同一问题上进行工作。我看，我那时只能这样做，再无其他可以选择的余地，尽管我始终是一个虔诚的和平主义者"[①]。

第二，"赶在希特勒前面"的信念有力地推动了曼哈顿计划的实施。在正义面前，科学家们被广泛地动员起来。他们以高昂的热情和专业素养投身于反法西斯战争中。在那个神圣职责的驱使下，科学家们争分夺秒忘我地工作，每个人心中的一个共同信念就是要赶在希特勒的前面，以使世界上正义和无辜的人们免受来自纳粹的核威胁。

在这种作用下，科学家们的努力很快便换来了一个又一个划时代的成就。1942 年 12 月 2 日，从哥伦比亚大学集中整合到芝加哥大学冶金研究所的费米小组建成了世界上第一座铀-石墨原子反应堆。利用这套装置，人们进行了人类历史上首次核裂变链式反应实验，从而为原子弹的制造奠定了坚实的理论基础。紧接着佩汀领导的小组解决了天然铀的提纯技术，纯度达含铀 90% 以上，并于 1943 年 6 月 21 日在田纳西州建立了两座大规模的 K-25 铀离析工厂，为美国生产原子弹提供了充足的铀原料。与此同时，奥本海默的阿拉莫斯研究所先后组建了 3 台新型加速器、2 座小型反应堆和电子计算机，完成了中子速度选择器的试验、反射层材料的性能试验和中子引发器的设计等一系列重要课题的研究[②]。

第三，曼哈顿计划的成功也给科学家带来了困惑和自责。随着纳粹德国的灭亡和研制原子弹的工作接近完成，科学家们由于深知原子弹所拥有的巨大破坏力和杀伤力，所以对所从事的工作感到困惑和自责，也在是否使用和如何使用原子弹的问题上再次以自己的良知发出了呼声。西拉德采用与 1939 年几乎一样的办法，说服爱因斯坦给罗斯福写信，反对使用原子弹；弗兰克等 7 名科学家发布关于原子弹军事应用问题的《弗兰克报告》。然而，这些科学家们在高度责任意识下的发言，都没有获得应有的回应。

① 爱因斯坦. 爱因斯坦文集（第三卷）. 许良英，赵中立，张宣三编译. 北京：商务印书馆，1979：306-307.

② 杨舰，刘丹鹤. 曼哈顿工程与科学家的社会责任. 哈尔滨工业大学学报（社会科学版），2005，（4）：1-6.

（2）曼哈顿计划引发科学家对社会责任的讨论。原子弹在日本爆炸后，在科学界引起震动，不论有没有参与该工程的科学家，都反应强烈，其中参与曼哈顿计划的科学家更是感受到良心上的自责。"物理学家们发现他们自己所处的地位同阿耳夫雷德·诺贝尔（Alfred Nobel）没什么两样。诺贝尔发明了一种当时从未有过的最猛烈的炸药，一种超级的破坏工具。为了对此赎罪，也为了良心上的宽慰，他设置奖金来促进和平和实现和平。今天，参加过研制这种历史上最可怕最危险的武器的物理学家，不说是犯罪，也被同样的责任感所烦恼。"①

尽管曼哈顿计划以反法西斯战争而开始，但却以制造战争而告终。这也引发科学家对科学工作的反思。"痛苦的经验使我们懂得，理智的思考对于解决我们社会生活的问题是不够的。透彻的研究和锐利的科学工作，对人类往往具有悲剧的含意。一方面，他们所产生的发明把人从精疲力竭的体力劳动中解放出来，使生活更加舒适而富裕；另一方面，给人的生活带来严重的不安，使人成为技术环境的奴隶，而最大的灾难是为自己创造了大规模毁灭的手段。这实在是难以忍受的令人心碎的悲剧。"②

曼哈顿计划的结局使科学家们十分担忧地看到科学实际上给人类提供了自我毁灭的手段，也使得他们更进一步意识到对维护世界和平与发展所应承担的责任。1949 年，弗列德里克·约里奥-居里在巴黎主持召开了世界和平保卫者第一次代表大会。他在演说时宣称："科学家们不愿成为那样一些力量的同谋者，这种力量有时为了自私和罪恶的目的去利用科学家们的成果。"为此他呼吁："科学家们作为劳动者大家庭的成员，应当关心自己的发明是怎样被利用的。"③

至此，科学家纷纷行动起来。1955 年，有三个著名的科学家宣言相继发表：4 月 12 日，18 位联邦德国的原子物理学家和诺贝尔奖得主联名发表《哥廷根宣言》；7 月 9 日，英国哲学家罗素在伦敦公布了由他亲自起草，包括爱因斯坦在内的其他 10 位著名科学家联名签署的《罗素-爱因斯坦宣言》；7 月 15 日，52 位诺贝尔奖得主在德国博登湖畔联名发表《迈瑙宣言》。这三个宣言都呼吁世界各国科学家行动起来反对核战争，敦促各国政府放弃以武

---

① 爱因斯坦．爱因斯坦文集（第三卷）．许良英，赵中立，张宣三编译．北京：商务印书馆，1979：205.

② 爱因斯坦．爱因斯坦文集（第三卷）．许良英，赵中立，张宣三编译．北京：商务印书馆，1979：259-260.

③ 佛里德里希·赫尔内克．原子时代的先驱者．徐新民译．北京：科学技术文献出版社，1981：109.

力作为实现政治目的手段，表达了科学家强烈的社会责任感。

1957 年 7 月，来自 10 个国家的 22 名科学家在加拿大帕格沃什召开了第一次"科学与世界事务会议"，这就是后来著名的帕格沃什会议。在会议上，与会代表一致认为，科学家在他们的专业工作之外最重要的责任是尽力去阻止战争，帮助人类建立一种永久而普遍的和平，他们可以通过向公众宣传科学的破坏性和建设性方面的潜力来做贡献，也可以利用帮助制定国家政策的机会来发挥作用。

1958 年，70 位著名的科学家、哲学家在第三次帕格沃什会议发表《维也纳宣言》，明确指出："我们认为，世界各国的科学家均有责任，通过让民众广泛理解由自然科学之史无前例的增长所带来的危险和提供的潜能，而在民众教育方面做出贡献。我们吁请各地的同行，通过启发成年群体或者通过教育正在到来的后代，而为此不懈努力。特别是，教育应当强调改进人与人之间的各种关系，并且在教育中应当消除任何形式的对战争和暴力的夸耀。科学家，因为具有专门的知识，更有条件提前获悉科学发现带来的危险和潜能。因此，他们对于我们时代最紧迫的问题，具有专门的本领，也肩负特别的责任。"[①]

6.1.2 "科学家的社会责任"问题的演进

20 世纪 60 年代以来，冷战所造成的核试验和核竞赛日益升级，生态环境破坏和能源危机的日益显露，科学的负面效应开始显现，公众的科学热情开始遭到冷遇，科学技术与社会的关系也发生了一些改变，在科学共同体乃至社会上也引起了许多关于核能的社会控制、DNA 基因重组、器官移植、安乐死、人工授精及克隆人等方面的争论。这些争论进一步引发科学家对其社会责任的反思，也使得"科学家的社会责任"问题的内涵发生了一个明显转向。

在许多争论中，发生在 20 世纪 70 年代的 DNA 基因重组争论是"科学家的社会责任"问题讨论的典型表现。在政府和社会尚未干预之前，科学共同体为防止可能出现的危害，自动控制和放弃某些类型的实验，从而对科学自觉地实行控制，这在科学史上是前所未有的。

---

① 第三届帕格沃什会议. 科学家的责任:《维也纳宣言》第 7 部分. 刘华杰译.//江晓原，刘兵. 我们的科学文化:阳光下的民科. 上海: 华东师范大学出版社，2008: 253 - 254.

案例 6.2①

1970 年前后，美国斯坦福大学生物化学教授 P. Berg 为寻求一个真核生物基因表达和调控实验模型，考虑用一种猿猴病毒 SV40 作为将外源 DNA 转导到哺乳动物细胞的载体。当第一个重组 DNA 分子 SV40 - 1$_{ga1}$ 完成后，Berg 建议他的一位研究生 Janet Mertz 将重组分子导入大肠杆菌，以探索是否能作为一种研究 SV40 突变的有用方法。

1971 年夏，这个实验计划引起冷泉港实验室的细胞生物学家 R. Pollack 的警觉，他推想，这很可能产生一条人为的新的传播致癌物的危险途径。Pollack 曾打电话给 Berg 表示了自己的关切。起初 Berg 对 Pollack 的建议持保留态度，但还是就实验的风险问题广泛征询意见，这使他的态度发生了变化。于是 Berg 给 Pollack 打电话表示不再进行那项令人担心的实验。

为进一步弄清各种非自然发生的实验室生物危害问题，经 Berg 提议，由 Pollack 等具体组织，1973 年 2 月在加利福尼亚 Asilomar 会议中心举行了有近百人参加的会议。在这次会议上，注重长远考虑、主张审慎从事的态度占了上风，这对日后重组 DNA 的争论有很大影响。

1973 年 6 月 11～15 日，由美国国立卫生研究院的 M. Singer 与耶鲁大学 D. Soll 共同主持的戈登会议，为进一步认识潜在的生物危害提供了一个重要的机会。会上，约翰·霍普金斯大学的 D. Nathons 和加利福尼亚大学的 H. Boyer 的报告引起英国剑桥大学的分子生物学家 E. Ziff 和 P. Sedat 的注意，他们意识到采用这些新的重组 DNA 技术会使各种有益或有害的重组体以前所未有的速度被人为地大量创造和扩增，于是找到会议主席 M. Singer，要求就这种新技术的潜在生物危害进行讨论。然而，讨论这个超出纯自然科学的问题是违反会议惯例，但是 M. Singer 意识到这一问题的严重性与迫切性。尽管会议只剩下最后一天了，而且有的与会者已提前离开了，她仍决定破例并且与 D. Soll 商定在会议的最后一天上午留出半小时来讨论。

M. Singer 在主持这个特别讨论会时，首先说道："由于我们是从事这些实验的，也由于我们认识到潜在的麻烦，我们有责任关心我们同事和实验室工作人员的安全及公共安全。今天上午，我们就要求考虑这种责任。"会

---

① 张树人. 重组 DNA 争论对美国生物技术政策的影响. 中国科学院院刊, 1986, (1): 44 - 49; 朱静生. 重组 DNA 研究：一场关于潜在的"生物危害"之争. 自然辩证法通讯, 1990, (2): 32 - 40.

议建议就是否向国家科学院和国家医学研究院发出一封信以表示他们的关切，并将此信公布于众这两项事宜进行表决。结果，前一项建议在 80 个投票者中以 78 票的压倒性多数通过，后一项建议则以 48 票赞成，42 票反对的微弱优势通过。这封信于 1973 年 7 月 17 日寄出后，就在同年 9 月 22 日出版的《科学》杂志上发表。

1974 年 4 月 17 日，Berg 召集一批同行作为一个非正式小组。经协商由 R. Roblin 起草了题为"重组 DNA 分子潜在生物危害"的公开信草稿。1974 年 7 月美国《科学》杂志、英国《自然》杂志和《美国科学院院刊》分别发表了由 Berg、Battimore、Cohen、Boyer、Nathan、Watson 等 11 位著名科学家签署的公开信。这封信呼吁：第一，在重组 DNA 分子潜在危害尚未更好地被估计或采取适当防护措施之前，自动延缓以下两类实验，第一类是生产剧毒物质基因及自然界尚不存在的抗药性组合的基因扩增实验，第二类是致癌基因的扩增实验；第二，对将动物基因转移到细菌质粒或噬菌体中的实验的第三类实验，应慎重；第三，建议国立卫生研究院立即考虑成立一个顾问委员会，负责审查实验规划、评估其生物学和生态学的潜在危害，制定措施，使这种分子在人类或其他群体中的传播降低至最小限度，制定可供研究人员遵循的准则；第四，要求在来年尽早召开由世界各国科学家参加的国际会议，以回顾这一领域的科学进展，进一步讨论对付这种潜在危害的适当方法。

为了达到共同的认识、采取一致的行动，1975 年 2 月 24～27 日，Berg 主持召开了第二届 Asilomar 国际会议，有 150 名科学家到会，包括来自除美国以外的 15 个国家的 52 名科学家，另外还包括 4 名律师，16 名新闻界代表。会上各种观点针锋相对，争论起伏跌宕，相持不下。在会议的最后一天，与会者就会议的文件逐段表决。出人意料，文件的每一部分几乎都以压倒性多数获得通过。

会议文件明确表明：这项能将极不相同的生物遗传信息结合起来的新技术，把我们置于一个具有诸多未知因素的生物学领域中。即使目前对该领域做了更多的限制性处理，但对其潜在的生物危害的估计仍十分困难。正因为这个"无知"，才迫使我们决定，在从事这项研究时最好谨慎。

会议期望通过世界各国国内和国际间正式和非正式的情报渠道，使潜在的生物危害与控制等级相适应的方法一致起来。会议制定了四种控制类型，即最小级、低级、中级和高级的危害，提出了应当采取的不同控制措施和不宜进行的实验类型。呼吁发展更为安全的载体和受体，强调对实验室工作人员进行教育，以及用新的科学知识重新评价许多生物学问题等。

1976 年 6 月，美国国立卫生研究院发表了《关于重组 DNA 研究的准则》。其基本政策思想是"寻求科学的社会责任与科学对新知识探求的适当平衡"；"科学共同体必须使公众相信，这个新的重要研究领域的目的是尊重我们社会重要的伦理、法律和价值标准的"。《关于重组 DNA 研究的准则》明确了目前不宜进行的潜在危害十分严重的实验。而其余的实验"假若它将给人类带来利益或增加新知识，采用通常方法又不易取得，那么，在实验中能采用适当而合理防护的条件下，现在都可以进行"。《关于重组 DNA 研究的准则》要求各研究机构都成立由公众代表参加的生物安全委员会。

此时，围绕重组 DNA 研究及其准则的争论已从科学共同体内部扩展到社会各界，争论的问题也更广泛。1976 年 6 月，在马萨诸塞州坎布里奇市围绕是否允许哈佛大学生物系在人口稠密的市区新建一个重组 DNA 研究的 P_3 级实验室的问题展开了激烈辩论。类似的情况波及美国许多地方。1977 年先后有 12 个有关调整重组 DNA 研究的法案提交国会讨论。

在这种情况下，Berg 阵营的态度发生了根本性的转变。他们起草了第二封公开信。信中指出，由于日益增多的证据表明重组 DNA 的危险是不存在的，所以当前美国就此项研究进行立法的活动是没有根据和没有必要的。这样做只会使科研受到限制。现在重组 DNA 研究的真正危险在于立法活动本身。1977 年 6 月 21～22 日，就重组 DNA 实验的潜在生物危害的重新评估这一问题，在马萨诸塞州法尔茅斯召开了一次国际专题研讨会。这次会议使许多生物学家重新考虑了重组 DNA 研究的安全性问题，从而使他们对该项研究风险的评估出现了根本性的转机，进而影响到了研究决策的变化。会议一结束，大会主席 Gorbech 就写信给国立卫生研究院院长 Frederickson。信中明确指出："与会者一致同意，大肠杆菌 K12 不能经由将 DNA 插入的实验操作而转变成流行性病原体。"这封信被《华盛顿邮报》与《科学》转载，引起人们的极大关注。在这种情况下联邦立法的热潮迅速降了下来，到了1978 年春便自行终止了。

从内容来看，DNA 基因重组争论超越了技术问题本身，广泛涉及科学技术的社会风险，科学与人类进步、与人类基本权利的保障，科学的自主权与社会立法控制等多方面的关系。它不仅表明科学技术与现代社会生活的联系越来越密切，也充分反映了科学共同体对科学技术的负面影响，以及对"科学家的社会责任"的全新认识。

在 DNA 基因重组争论之前，"科学家的社会责任"主要限于科学的社会应用方面，并不涉及科研工作本身，其内涵在于科学家有责任防范利益集团对科技成果的非理性利用。DNA基因重组争论标志着对科学的评论和伦理分析从针对科学的应用，发展到针对科学的方法、对象和研究过程本身，争论的主要结果是科学共同体主动对科研过程进行"自我约束"，制定相关规范。自此，越来越多的科学家认识到，实验研究的精细性、高度的专业要求、理论探讨中的科学良心和认识的价值中立性本身，并不能完全保证被社会有利的科学运用，充分的科学伦理规范必须加入"科学家的社会责任"问题。

这场争论的意义还在于科学家自觉地把自己的研究成果与整个人类的利益联系起来，积极地对其研究进行伦理道德和社会价值上的评估，自觉地控制自己的研究行为，并加强科学与公众的传播和交流，这些变化对未来的科学技术的发展产生了重要的影响①。

◆ 6.2 科学的利益相关性和不确定性

从理论上说，当科学家成为社会职业角色之后，他的社会责任就应该开始显现。但正如前文所述，直到20世纪后半叶"科学家的社会责任"才成为科学界乃至社会关注的一个重要问题。之所以如此，存在很多原因，如科学的影响越来越大、科学的负面效应显现、科学知识的生产模式开始发生变化等。其中有两个因素至关重要：一是科学的利益相关性问题，二是科学的不确定性问题。为此，规避利益冲突和有效应对科学的不确定性，避免科学的负面效应，成为"科学家的社会责任"的重要问题。

（1）科学蕴涵的价值及其利益相关性

如果说人类的技术活动始终是受实用的驱动的话，那么，人类早期的科学活动更多的是受好奇心的驱动。随着科学社会功能的不断展现，种种社会因素、利益和价值取向日益明显地渗入到科学中。从动机来看，科学探索成为人类有意识、有计划、有明确目的的创造活动，成为满足社会经济、政治等需要的一种工具，为人类、国家、集体、雇主或个人服务，其背后都有其价值观的支撑。从科研过程来说，虽然科学具有客观性，但科学总是受人的认识能力和历史的局限，人类社会的价值观念、时代精神，甚至个人的偏爱特长，会通过各种形式渗透到科学知识之中。"事实上，二战以来，科学

---

① 莫少群．"科学家的社会责任"问题的由来与发展．自然辩证法研究，2003，(6)：50-53.

——或者更精确讲是科学研究——之所以成为所有国家都极为关注的政治因素，正是因为使用科学资源的能力现在已经明显地成为一个国家经济和政治力量的主要组成部分，到处都在制定科学政策和建立相应的国家机构，研究组织趋向于越来越集中，变得完全置于国家的直接或间接的控制之下。"①

这种状况深深地影响着科学研究的进程和科学家的行为特征。从科学研究的动机、科学问题的确立、科研课题的选择、科学观察和实验的进行，到科学假说的提出、科学理论的形成和科学知识体系的建构，再到科学理论的评价和科学成果的应用等，每一个环节都负载着价值，影响并规范着科研活动。所有这一切表明，科学是一种社会建构，社会价值目标的实现已经成为现代科技活动的基本目的。

科学活动从求知和好奇心导向转变为应用和现实利益导向，涉及诸多利益相关者，使得各种利益冲突在所难免，由此也带来了一些问题：其一，怎样使得作为利益相关者的科学共同体成员在研究、设计和同行评议等活动中保持必要的客观性？其二，如何使科学共同体成员如人们所期待的那样，优先考虑社会和公众的利益而不是自己的利益？或退一步而言，如何不因对自己利益的寻求给公众利益带来负面影响？②

案例 6.3③

1986 年 1 月 28 日美国挑战者号发射升空后，因右侧固体火箭助推器（SRB）的 O 型环密封圈失效，使得原本应该是密封的固体火箭助推器内的高压高热气体泄漏。这批气体影响了毗邻的外储箱，在高温的烧灼下结构失效，同时也让右侧固体火箭助推器尾部脱落分离。最后，高速飞行中的航天飞机在空气阻力的作用下于发射后的第 73 秒解体，机上 7 名宇航员全部遇难。

这次灾难性事故导致美国的航天飞机飞行计划被冻结了长达 32 个月之久。同时美国总统罗纳德·里根下令组织一个特别委员会——罗杰斯委员会，负责此次事故的调查工作。罗杰斯委员会发现美国国家航空航天局（NASA）的组织文化与决策过程中的缺陷与错误，是导致这次事件的关键

---

① 让·拉特利尔. 科学和技术对文化的挑战. 北京：商务印书馆，1997：11.

② 科学技术部科研诚信建设办公室. 科研诚信知识读本. 北京：科学技术文献出版社，2009：27.

③ Rogers Commission Report to the President by the Presidential Commission on the Space Shuttle Challenger Accident. 1986：772-773.

因素。

从 1977 年开始，NASA 的管理层事前已经知道承包商莫顿·塞奥科公司所设计的固体火箭助推器在 O 型环处存在着潜在的缺陷，但却未曾提出过改进意见来妥善解决这一问题。

在发射前一天晚间的一次远程会议上，莫顿·塞奥科公司的工程师和管理层同来自肯尼迪航天中心和马歇尔航天飞行中心的 NASA 管理层讨论了天气问题。包括著名的罗杰·博伊斯乔等部分工程师，再次表达了他们对负责密封 SRB 部件接缝处的 O 型环能否耐寒的担心。他们指出低温可能会导致 O 型环的橡胶材料失去弹性，认为如果 O 型环的温度低于华氏 53 度（约11.7℃），将没有足够的数据保证它能够有效密封住接缝。这是一个相当重要的因素，因为 SRB 所使用的 O 型环如果失效时并没有其他备份零件能弥补，而且如果主要和次要的 O 型环密封功能都失效的话，将会导致机体被破坏而让机组人员丧命。

莫顿·塞奥科公司的高级副总裁杰拉尔德·梅森综合考虑到 NASA 迫切需要一次成功的飞行，而如果不发射也不利于莫顿·塞奥科公司与 NASA 新合同的签订，于是没有采纳工程师们不能发射的意见。梅森对工程部副主任罗伯特·伦德说："脱下你的工程帽子，带上你的管理帽子。"最终公司的高层做出同意发射的决定。尽管 NASA 知道莫顿·塞奥科公司改变了关于发射的决定，却没有追问他们为什么改变决定，最终导致了悲剧的发生。

这一案例反映了一种典型的角色冲突，即工程决定还是管理决定，也表明责任问题的解释和分配存在着较大的模糊性，科学技术与经济的伦理关联是如此密切以致无法分开。为此，我们应该看到，既然科学是一种社会活动，科学研究由政府或企业投资、控制，那么科学家在一定程度上便失去了自主性和独立性。如何应对以上问题所产生的价值冲突，就成为"科学家的社会责任"中的重要问题。

（2）科学的不确定性

科学的客观性使得科研活动成为所有人类活动中最有效和最可靠的活动之一，但是科学和科研活动本身具有包括固有的不确定性在内的局限性。只有清醒地认识到这一点，研究人员才能超越个人、科学共同体和某些特定的利益，更客观地评价科研工作本身的利弊，担当起研究人员应有的社会责任。

科学的不确定性源于科学认识对象的复杂性和认识主体的局限性。第一，世界是无限的、发展的、复杂的，包含着大量偶然性和随机性因素。认识对象的复杂性，是科学的不确定性的最基本的来源。概率论、测不准原理和复杂性科学，都表明了事物固有的，以及主客观互动必然带来的不确定性。其次，认识主体有诸多局限性，人的感官功能是有限的，知识结构使认识具有主观色彩，人的认识并不同整个世界发生关系，认识总是具体的、有限的[①]。

在科学研究中，知识的增长在大多数情况下依赖于观察和实验对假说进行的检验，但在简化的、受控制的实验室条件下产出的知识，在说明和运用于复杂的现实条件时，就可能出现未预见到的状况，产生不确定性。即使在确定性的知识领域，仍然也会遇到不确定性，有时是因为努力去完善知识，有时是因为所研究的系统自身固有的复杂性和混沌[②]。与此同时，当科学投入应用时，不确定性问题会因为与伦理、经济、社会影响和公众承受能力等问题混在一起而变得更加复杂。

案例 6.4[③]

DDT，学名为双对氯苯基三氯乙烷，为白色晶体，不溶于水，溶于煤油，可制成乳剂，是有效的杀虫剂。

20 世纪 40 年代之前，当大面积虫害困扰农业生产时，人们曾经几乎束手无策，蝗虫、螟虫等已成为农业生产的大敌。瑞士化学家米勒于 1939 年首次将 DDT 制成用以防治棉铃虫、蚊、蝇等的杀虫剂，并申请了专利。1942 年正式投放市场。这种杀虫剂能够毒死或者扑灭危害作物、果树、树木、仓储和环境中的昆虫等。

自 20 世纪 40 年代以来，全世界都广泛使用 DDT。这项发明首先被用于战争，为预防昆虫传播的虫媒传染疾病尤其是用于控制疟疾和伤寒等做出了巨大的贡献，让千万参战的军人免受了疾病的侵扰。接着，DDT 被广泛用于农业，因为消除了病虫害，农业大幅度增收，50 年代末全世界大约有 500 万人因此免于饿死。米勒因为合成了高效有机杀虫剂 DDT，并广泛用于农业、畜牧业、林业和卫生保健事业，获得了 1948 年诺贝尔生理医学奖。

令米勒始料未及的是，DDT 的危害也逐渐显露出来。第一，昆虫体内

---

① 徐凌. 科学不确定性的类型、来源及影响. 哲学动态. 2006，(3)：48 - 53.

② 〔英〕上议院科学技术特别委员会. 科学与社会：英国上议院科学技术特别委员会 1999—2000 年度第三报告. 张卜天，张东林译. 北京：北京理工大学出版社，2004：11.

③ 维基百科：DDT. http：//zh. wikipedia. org/wiki/％E6％BB％B4％E6％BB％B4％E6％B6％95；张九庆. 自牛顿以来的科学家：近现代科学家群体透视. 安徽：安徽教育出版社，2002.

产生了强大的耐药性，导致用量大幅度增加；第二，稳定高效曾被认为是优秀杀虫剂的一个特征，然而正是这种特征导致农药残留，残留的农药进入生物体内逐渐富集后浓度增加产生毒性，结果是包括人在内的食物链动植物又受到了污染，大量动植物及人类本身因此而死亡。20 世纪 60 年代，科学家们发现 DDT 在环境中非常难降解，并可在动物脂肪内蓄积，甚至在南极企鹅的血液中也检测出 DDT。据估计，DDT 在生物体内的代谢半衰期为 8 年；鸟类体内含 DDT 会导致产软壳蛋而不能孵化，尤其是处于食物链顶级的食肉鸟，如美国白头海雕几乎因此而灭绝，而且 DDT 对鱼类是高毒的。

因此，从 20 世纪 70 年代后，多数国家明令禁止或限制生产和使用 DDT。1973 年 1 月 1 日，美国正式禁止使用 DDT，中国也于 1983 年正式禁止使用 DDT。

DDT 曾给人类带来了巨大的利益，但也给人类带来了难以估量的负面作用。科学技术风险的不确定性，迫使人们在科研和成果中增加了一个新的步骤——预测和评估，而科学家掌握专业的科学知识，理应承担比一般公众承担更多的社会责任，对科研过程和即将应用的科学成果进行风险分析。

◆◆ 6.3　当代科学家的社会责任

在当代语境中，责任一般与社会角色有关，指份内应做的事和没有做好份内应做的事而必须承担的过失或责罚，即"应尽的责任"和"应追究的责任"[①]。科学，现已成为一个社会事业，在社会的各个领域发挥着巨大的作用。当人们对科学寄予更大的期望时，也就意味着科学家承担着更大的责任，并且随着时代的发展，这种责任不断被赋予新的内涵。

1999 年 6 月 26 日至 7 月 1 日，联合国教科文组织和世界科学联盟发起并在匈牙利布达佩斯召开了"科学为世界 21 世纪服务：一项新任务"会议，明确了 21 世纪科学工作面临的挑战和根本任务，以及科学的价值、科学的精神、科学的责任等内容，并形成两个核心文件，即《科学和利用科学知识宣言》和《科学议程-行动框架》。下面是《科学和利用科学知识宣言》中的相关论述。

---

① 谢军. 责任论. 上海：上海人民出版社. 2007：28.

《科学和利用科学知识宣言》摘录[①]

21. 科学家和其他主要参与者更有责任防止违反道德的科学应用或产生不利影响的科学应用。

39. 从事科学研究和利用从中所获取的知识，目的应当始终是为人类谋幸福，其中包括减少贫困，尊重人的尊严和权利，保护全球环境；并充分考虑我们对当代人和子孙后代所担负的责任。有关各方均应对这些重要原则做出新的承诺。

41. 所有科学家都应坚持高的道德标准，也应根据国际人权文书规定的有关准则为科学工作制定道德准则。科学家的社会责任要求科学家坚持高标准的科学尊严和质量控制，与人共享自己的知识、与公众进行交流和教育年轻一代。政治领导者应当尊重科学家在以上各方面采取的行动。科学课应当包括科学伦理，以及科学的历史、哲学和文化影响等内容。

总体来看，科学家作为一个生产知识的特殊社会职业，不仅要从事科学研究，拿出高质量的科研成果奉献于社会，在履行"求真"的内在责任的同时，还要承担相应的"后果责任""职业责任"和"伦理责任"，自觉规避科学技术负面影响、承担其科学家职业角色所赋予的时代责任、为人类社会可持续发展承担起一种"关切"的伦理责任[②]。这些责任具体表现为以下三个方面。

（1）关注科研过程及其应用的社会影响。科学家必须负责任地从事科学研究，在向社会公众宣传技术的价值的同时，应积极关注科学成果的社会后果，自觉地规避科学技术的负面影响，承担起对科学技术后果评估的责任。

如前所述，鉴于现代科学技术存在正负两方面的影响，并且科学家掌握了专业科学知识，他们比其他人能更准确、全面地预见这些科学知识的可能应用前景，他们有责任去预测评估有关科学的正面和负面的影响，认真地思考每一项科技活动的价值与可能的社会后果，防范科学技术的非理性应用，并采取必要措施积极应对科研过程中的存在和潜在的社会风险，一旦发现弊端或危险，应改变甚至中断自己的工作，必要时向社会示警。

（2）承担科学家职业角色所赋予的时代责任。鉴于现代科学的发展引领着经济社会发展的未来，这就要求科学家必须具有强烈的历史使命感和社会责任感，珍惜自己的职业荣誉，勇于承担作为科学家职业角色的社会责任和义务。

[①] 科学、工程与公共政策委员会. 怎样当一名科学家-科学研究中的负责行为. 刘华杰译. 北京：北京理工大学出版社，2004：66-77.

[②] 杜鹏. 关于科学的社会责任. 科学与社会，2011，(1)：114-122.

当前，科学技术发展水平集中体现了国家竞争力的高低，因此科学家应积极服务于国家的战略需求，为国家经济社会发展提供有效的知识成果，避免科技资源的浪费和滥用。

面对科学技术的巨大影响力，科学家应积极参与政府决策，为公共政策提供客观的科学咨询和专业看法，并谨慎地利用手中的知识权利，避免把科学知识凌驾于其他知识之上。

科学家应该把科学普及和科学教育作为自己的重要的责任，用通俗易懂的语言不定期地向纳税人和公众说明自己的研究方向、工作意义、预期结果和应用前景，提高自身的沟通能力，促进公众全面、正确地理解科学，以便独立地做出判断，并对这些研究及其应用进行必要而有效的监督。

（3）为人类社会可持续发展承担伦理责任。鉴于现代科学技术的巨大能力，而当代科学技术的试验场所和应用对象牵涉到整个自然与社会系统，新发现和新技术的社会化结果又往往存在着不确定性，而且可能正在把人类和自然带入一个不可逆的发展过程，直接影响人类自身及社会和社会发展，因此必须彻底改变对待发展问题，尤其是对待发展中的社会、人和环境问题的态度和方法，这也要求将人文关怀精神和价值理性融入科学活动之中。

为此，科学家需要把"利用知识和技能促进人类福利"作为职业活动的目标，自觉地将"公众的安全、健康和福利置于至高无上的地位"，自觉地遵守人类社会和环境的基本伦理，珍惜与尊重自然和生命，尊重人的尊严和权利。面对新技术的巨大经济利益，充分考虑我们对当代任何子孙后代所担负的责任，自觉地依据理性和符合人类利益的原则，做出谨慎选择，利用科学促进人类社会持久和平和可持续发展。

延伸阅读书目

1. 爱因斯坦. 爱因斯坦文集（第三卷）. 许良英，赵中立，张宣三编译. 北京：商务印书馆，1979.

2. 佛里德里希·赫尔内克. 原子时代的先驱者. 徐新民译. 北京：科学技术文献出版社，1981.

3. 伯纳德·巴伯. 科学与社会秩序. 顾昕译. 北京：三联书店，1991.

4. 科学、工程与公共政策委员会. 怎样当一名科学家——科学研究中的负责行为. 刘华杰译. 北京：北京理工大学出版社，2004.

5. 马克斯·佩鲁茨. 真该早些惹怒你——关于科学、科学家与人性的随笔. 张春美译. 上海：上海科学技术出版社，2004.

后 记

本书由中国科学院学部道德与科技伦理研究中心组织编写，中国科学院学部资助出版。

中国科学院学部道德与科技伦理研究中心李真真、黄小茹、杜鹏、张思光、缪航，以及中国科学院监察审计局陈琼共同完成了本书的编写工作。本书经过集体讨论并分别执笔，具体分工如下：第一章，李真真；第二章，黄小茹；第三章，黄小茹、张思光、缪航；第四章，缪航；第五章，陈琼；第六章，杜鹏。全书由李真真、黄小茹统稿。

特别感谢方荣祥、李静海、李德仁、林惠民、林国强、欧阳钟灿、祝世宁、曹南燕、徐飞等教授/研究员为本书提出的宝贵意见和建议。

由于编写时间较紧，书中尚存一些不完善之处。欢迎读者批评指正，以便今后补充修订。